山东省高等教育名校建设工程课程改革教材

GPS 测量技术

主　编　丁建全　刘克华　马临刚
副主编　李智强
主　审　何明岗

黄河水利出版社
·郑　州·

内 容 提 要

本书是山东省高等教育名校建设工程课程改革教材，是本着高职教育的特色，依据中央财政支持专业建设方案和山东省特色名校建设方案要求进行编写的。全书共分4个学习情境，主要内容包括：GPS概述，GPS定位基本原理，GPS静态观测及数据处理，GPS动态观测。

本书可作为高等职业院校、高等专科学校的工程测量、测绘工程等专业的教材，也可供相关专业的工程技术人员学习参考。

图书在版编目(CIP)数据

GPS测量技术/丁建全，刘克华，马临刚主编. —郑州：黄河水利出版社，2015.8

山东省高等教育名校建设工程课程改革教材

ISBN 978-7-5509-1195-6

Ⅰ.①G… Ⅱ.①丁… ②刘… ③马… Ⅲ.①全球定位系统-测量-高等学校-教材 Ⅳ.①P228.4

中国版本图书馆CIP数据核字(2015)第199164号

组稿编辑：王路平　电话：0371-66022212　E-mail：hhslwlp@163.com

出 版 社：黄河水利出版社

地址：河南省郑州市顺河路黄委会综合楼14层　邮政编码：450003

发行单位：黄河水利出版社

发行部电话：0371-66026940、66020550、66028024、66022620(传真)

E-mail：hhslcbs@126.com

承印单位：河南承创印务有限公司

开本：787 mm×1 092 mm　1/16

印张：9.25

字数：210千字　　印数：1—1 000

版次：2015年8月第1版　　印次：2015年8月第1次印刷

定价：20.00元

前 言

本书是依据中央财政支持提升社会服务能力重点建设专业和山东省高等教育名校建设工程重点建设专业人才培养方案和课程建设目标要求,并按照国家及行业有关 GPS 测量技术的新规范、新法规、新标准编写完成的。在吸收有关教材和技术文献资料精华的基础上,充实了新思想、新理论、新方法和新技术;以“工学结合”为主线,以培养学生的实践动手能力为目标,不过分苛求学科的系统性和完整性,注重学生职业能力训练和综合素质培养,体现了高等职业教育的特点,突出了适用性、实践性、创新性的教材特色。

本书是通过对测绘测量行业企业进行深入广泛的调研,与职业院校长期从事 GPS 测量教学一线的教师及专家联合商讨,将原教材进行解剖、分析、提炼,编制“任务驱动、项目导向”的教学内容,编写的基于学习情境的 GPS 测量教材。

本书由山东水利职业学院主持编写工作,编写人员及编写分工如下:山东水利职业学院丁建全编写学习情境 1,东营市宏达测绘有限公司刘克华编写学习情境 2,山东省临沂市水利勘测设计院马临刚编写学习情境 3,广东省核工业地质局测绘院李智强编写学习情境 4。本书由丁建全、刘克华、马临刚担任主编,丁建全负责全书统稿;由李智强担任副主编;由山东省水利勘测设计院何明岗担任主审。

本书在编写过程中,参考了其他院校和专家的一些著作及教材,得到了山东省水利勘测设计院、山东水利职业学院工程质量检测中心及黄河水利出版社等单位的大力支持,在此一并表示感谢!

由于编者水平有限,编写时间仓促,书中难免存在不足之处,恳请读者批评指正,提出宝贵意见。

编 者

2015 年 1 月

目 录

学习情境1 概 述

学习单元1.1 卫星导航系统概述

【学习目标】

通过本单元知识的学习，使学生能够了解现阶段主要应用或研发的定位系统。

【学习任务】

了解现阶段主要应用或研发的定位系统，为后续学习GPS定位技术打下基础。

【任务实施】

1 概述

卫星导航系统是利用卫星来测量物体位置的系统。

目前，正在运行的全球卫星定位系统有美国的GPS系统和俄罗斯的GLONASS系统。

中国的北斗卫星导航定位系统，是中国自行研制开发的区域性有源三维卫星定位与通信系统（CNSS），是继美国的GPS、俄罗斯的GLONASS之后第三个成熟的卫星导航系统。北斗卫星导航定位系统2012年底已经建成区域服务系统，2015年启动实施全球拓展。

欧盟1999年初正式推出“伽利略”计划，部署新一代定位卫星。该方案由27颗运行卫星和3颗预备卫星组成，可以覆盖全球，位置精度达几米，亦可与美国的GPS系统兼容，总投资为35亿欧元。目前，已经发射三颗试验卫星，2010年开始提供服务。

全球卫星导航系统国际委员会是联合国的一个非正式机构。其目的是促进与民用卫星定位、导航、正时和增值服务有关的问题及各种全球卫星导航系统的兼容性和互通性问题的合作和发展。

2 GPS

全球定位系统（Global Positioning System，GPS）是美国以空间为基地的无线电导航系统，在全世界范围内为民间用户提供不间断的定位、导航和定时服务，而且对所有人免费。任何人只要有一个接收机，这个系统就可以为他提供位置和时间。GPS可在任何气候条件下，在白天或夜间，在世界任何一个地方为无限数量的人提供准确的位置和时间信息。GPS卫星星座见图1-1。

3 GLONASS

格洛纳斯系统（GLObal NAvigation Satellite System，GLONASS）又称全球导航卫星系

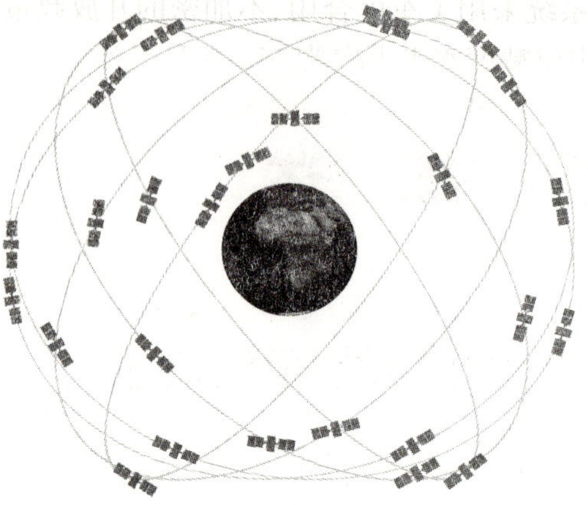

图 1-1 GPS 卫星星座

统，是苏联从 20 世纪 80 年代初开始建设的与美国 GPS 系统相类似的卫星定位系统。现在由俄罗斯空间局管理。

3.1 历史

GLONASS 系统由卫星、地面测控站和用户设备三部分组成，系统由 21 颗工作星和 3 颗备份星组成，分布于 3 个轨道平面上，每个轨道面有 8 颗卫星，轨道高度 19 100 km，运行周期 11 h 15 min。GLONASS 系统于 20 世纪 70 年代开始研制，1982 年发射首颗卫星入轨。但由于航天拨款不足，该系统部分卫星一度老化，最严重时曾只剩 6 颗卫星运行。2003 年 12 月，由俄罗斯应用力学科研生产联合公司研制的新一代卫星交付联邦航天局和国防部试用，为 2008 年全面更新 GLONASS 系统做准备。在技术方面，GLONASS 系统的抗干扰能力比 GPS 系统要好，但其单点定位精度不及 GPS 系统。2004 年，印度和俄罗斯签署了《关于和平利用俄全球导航卫星系统的长期合作协议》，正式加入了 GLONASS 系统，计划联合发射 18 颗导航卫星。

2006 年 12 月 25 日，俄罗斯用质子－K 运载火箭发射了 3 颗格洛纳斯－M 卫星，使格洛纳斯系统的卫星数量达到 17 颗。

2010 年 12 月 5 日，俄罗斯携带有 3 颗卫星的质子－M 运载火箭发射后偏离正常轨道，坠落夏威夷附近的太平洋中。

2011 年 2 月 26 日，发射了一颗格洛纳斯－K 卫星。

2013 年 7 月 2 日，搭载 3 颗格洛纳斯－M 卫星的俄罗斯质子－M 火箭在哈萨克斯坦拜科努尔航天发射场点火升空后发生偏转并爆炸解体。

3.2 简述

与美国的 GPS 系统不同的是，GLONASS 系统采用频分多址（FDMA）方式，根据载波频率来区分不同卫星（GPS 是码分多址（CDMA），根据调制码来区分卫星）。每颗 GLONASS 卫星发播的两种载波的频率分别为 $L1 = 1\,602 + 0.562\,5k$(MHz) 和 $L2 = 1\,246 + 0.437\,5k$(MHz)，其中 $k = 1 \sim 24$，为每颗卫星的频率编号。所有 GPS 卫星的载波的频率是相同的，均为 $L1 = 1\,575.42$ MHz 和 $L2 = 1\,227.6$ MHz。

GLONASS 卫星的载波上也调制了两种伪随机噪声码：S 码和 P 码。

俄罗斯对 GLONASS 系统采用了军民合用、不加密的开放政策。

GLONASS 系统单点定位精度水平方向为 16 m,垂直方向为 25 m。

GLONASS 卫星由质子号运载火箭一箭三星发射入轨,卫星采用三轴稳定体制,整体质量 1 400 kg,设计轨道寿命 5 年。所有 GLONASS 卫星均使用精密铯钟作为其频率基准。

GLONASS 系统的主要用途是导航定位,当然与 GPS 系统一样,也可以广泛应用于各种等级和种类的测量应用、GIS 应用和时频应用等。

3.3 GLONASS 系统和 GPS 系统的比较

GLONASS 系统和 GPS 系统的比较见表 1-1。

表 1-1 GLONASS 系统和 GPS 系统的比较

项目	GPS 系统	GLONASS 系统
星座卫星数	24	24
轨道面个数	6	3
轨道高度	20 183 km	19 100 km
运行周期	11 h 58 min	11 h 15 min
轨道倾角	55°	65°
载波频率	$L1$:1 575.42 MHz	$L1$:1 602.56 ~ 1 615.50 MHz
	$L2$:1 227.60 MHz	$L2$:1 246.44 ~ 1 256.50 MHz
传输方式	码分多址	频分多址
调制码	C/A - 码和 P - 码	S 码和 P 码
时间系统	UTC	UTC
坐标系统	WGS - 84	SGS - E90
SA	有(2000 年 5 月 1 日取消)	无
AS	有	无

3.4 GPS + GLONASS 系统对纯 GPS 系统的改进

3.4.1 可见卫星数增加一倍

GLONASS 卫星星座组网完成后,可用于导航定位的卫星总数将增加一倍。在地平线以上的可见卫星数纯 GPS 系统时,一般为 7 ~ 11 颗;GPS + GLONASS 系统则可达到 14 ~ 20 颗。在山区或城市中,有时因障碍物遮挡,纯 GPS 系统可能无法工作,GPS + GLONASS 系统则可以工作。

3.4.2 提高生产效率

在测量应用中,GPS 测量所需要的观测时间取决于求解载波相位整周模糊度所需要的时间。观测时间越长或可观测到的卫星数越多,则用于求解载波相位整周模糊度的数据也就越多,求解结果的可靠性越好。为了提高生产效率,常使用快速定位、实时动态测量(RTK)或后处理动态测量。但要满足一定的精度要求,必须正确求解载波相位整周模糊度，可观测到的卫星数增加得越多，则求解载波相位整周模糊度所需要的观测时间就可缩短得越多，因此 GPS + GLONASS 系统可以提高生产效率。

3.4.3 提高观测结果的可靠性

用卫星系统进行测量定位的观测结果的可靠性主要取决于用于定位计算的卫星颗数。因此，GPS + GLONASS 系统将大大提高观测结果的可靠性。

3.4.4 提高观测结果的精度

观测卫星相对于测站的几何分布（*DOP* 值）直接影响观测结果的精度。可观测到的卫星越多，则可以大大改善观测卫星相对于测站的几何分布，从而提高观测结果的精度。

4 Galileo

伽利略定位系统（Galileo Positioning System）是欧盟一个正在建造中的卫星定位系统，为继美国 GPS、俄罗斯 GLONASS 及中国北斗卫星导航系统后，第四个可以供民用的定位系统。原预计 2014 年开始运作，但由于欧盟内部分歧与资金问题，完工时间可能会迟至 2020 年。伽利略定位系统见图 1-2。

图 1-2 伽利略定位系统

建造此系统的目的有以下几点：

（1）为用户提供更准确的数据。

（2）加强对高纬度地区的覆盖，包括挪威、瑞典等地区。

（3）降低对现有 GPS 系统的依赖，尤其是在发生战争时。

4.1 历史

2003 年 5 月 26 日，欧盟及欧洲航天局通过了“伽利略计划”的第一部分，包括于 1999 年从法国、德国、意大利及英国四国各自提出的不同概念中，经四国的工程师整合而成的共同概念设计。该系统主要是供民用，与设计作军事用途的 GPS 系统不同，因美国保留可限制 GPS 的信号强度、准确度，以及把整组系统关闭的权力，因此当美国介入某场重大战争时，民间有可能无法使用 GPS。还有，美国政府于 2000 年才开始放宽民间使用 GPS 系统的限制。理论上，欧洲的伽利略定位系统是不会把系统资源全部抽起作军事用途，并会提供比 GPS 更准确的结果，到系统完工开放时，将会开放供全球的军民共同使用。

欧洲委员会在为系统的下一部分作安全注资时遇上了麻烦，当时一些欧洲国家出现经济衰退，在注资时也格外小心。在“9·11”事件发生之后，美国政府大力反对欧盟的“伽利略计划”，扬言当美国采取军事行动时，欧盟的伽利略系统只会令 GPS 系统的“开关掣”形同虚设。至 2002 年 1 月 17 日，“伽利略计划”的一名发言人表示，在美国的压力下，伽利略计划“接近死亡”。

几个月后，事件出现戏剧性转变，美国政府对“伽利略计划”的态度开始软化，而欧盟成员国认为他们也应拥有自己的定位及计时系统，至 2002 年底，计划获得不少成员国的认同及支持，也因此出现了过度注资，成为了欧洲航天局要面对的新难题，就是如何去降低成员国的注资。

2003 年 3 月 20 日，美国联合另外三个国家开始进攻伊拉克，使得欧盟加速去研发一组不受美国控制的定位系统。

欧盟及欧洲航天局于 2002 年 3 月接受了计划的注资，并在 2003 年 5 月 26 日作总结报告，至 2005 年年底，其资金为 11 亿欧元。该系统将使用 30 颗人造卫星，原计划于 2006～2010年间陆续发射升空，并将在 2010 年供民间使用。系统的总耗资将达 30 亿欧元，包括在地球上的控制中心等内部架构，它们会于 2006～2007 年间建造。所需资金当中，将有近2/3是来自私营公司及投资者，其余 1/3 将由欧盟及欧洲航天局拨出。在系统开放使用时，使用支援伽利略的接收装置将可使用，另外，系统将提供收费的增值服务，包括免费服务没有的加密数据、准确度及带宽更高。

2004 年 6 月，欧盟通过系统使用频率的标准，采用美国的“二进制偏置载频 1.1”标准，使欧美双方军力均可互相拦截对方系统的信号，从而无需把整组系统关掉。

2005 年 12 月 28 日，格林尼治时间清晨 5 点 19 分，伽利略系统的首颗试验卫星“GIOVE－A”由俄罗斯“联盟－FG”火箭从哈萨克斯坦的拜科努尔航天中心发射升空。

截至 2015 年 9 月 11 日，伽利略系统有 10 颗在轨卫星。

4.2 国际参与

中国于 2003 年 9 月加入“伽利略计划”，并在往后几年间投资 2.3 亿欧元。

2004 年 7 月，以色列与欧盟签订协议，成为“伽利略计划”的合作伙伴。

2005 年 6 月 3 日，欧盟与乌克兰草签了一份协议，让乌克兰加入“伽利略计划”。

2005 年 9 月 7 日，印度也与欧盟签约，加入“伽利略计划”，参与建设基于欧洲地球同步卫星导航增强服务系统（EGNOS）的区域增强系统。

2006 年 9 月 9 日，韩国同欧盟签订了有关韩国参与“伽利略计划”的协定。同年 12 月 12 日，欧盟与摩洛哥签署了“伽利略计划”的合作协议。

除此之外，不少国家如阿根廷、澳大利亚、巴西、加拿大、智利、日本、马来西亚、墨西哥、挪威、巴基斯坦、俄罗斯等，也有可能加入“伽利略计划”。

4.3 政治因素

由于伽利略系统能达到一流的水平，因此可以成为一个强大的政治工具，欧盟可以以“伽利略”向美国及其 GPS 系统宣读“政治宣言”，与美国划清界线，独立于它们之外。毕竟 GPS 系统原是供军事使用的，在 2000 年以前，民间使用还是受到限制的。不少“伽利略”支持者认为，民用设施诸如飞机升降及导航，不应只依赖美国的 GPS 系统。

4.4 系统卫星概述

数量:38 颗;

离地面高度:23 222 km(MEO);

轨道:三条,56°倾角(每条轨道将有 9 颗卫星运作,最后一颗作后备),如图 1-3 所示;

卫星寿命:12 年以上;

卫星质量:每颗 675 kg;

卫星长阔高:2.7 m×1.2 m×1.1 m;

太阳能集光板阔度:18.7 m;

太阳能集光板功率:1 500 W。

图 1-3 伽利略定位系统

4.5 服务

伽利略定位系统将提供以下四种导航服务:

(1)开放服务(Open Service)。开放服务提供任何人自由使用,开放服务的信号将会广播在 1 164 ~1 214 MHz 及 1 563 ~1 591 MHz 两个频带上。同时接收两个频带的信号水平误差 <4 m,垂直误差 <8 m,如果只接收单一频带仍然有 <15 m 的水平误差及 <35 m 的垂直误差,与 GPS 的 C/A 码相当。

(2)商业服务(Commercial Service)。

(3)公共规范服务(Public Regulated Service)。

(4)生命安全服务(Safety of Life Service)。

5 BeiDou

北斗卫星导航系统(BeiDou(COMPASS) Navigation Satellite System)是中国正在实施的自主发展、独立运行的全球卫星导航系统(见图 1-4)。系统建设目标是:建成独立自主、开放兼容、技术先进、稳定可靠的覆盖全球的北斗卫星导航系统,促进卫星导航产业链形成,形成完善的国家卫星导航应用产业支撑、推广和保障体系,推动卫星导航在国民经济社会各行业的广泛应用。

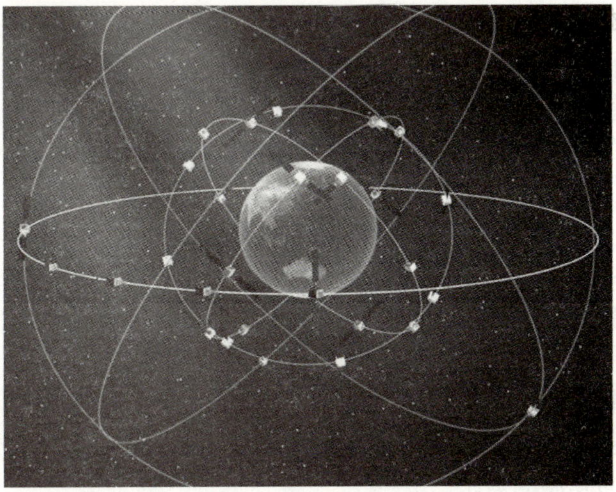

图1-4 北斗卫星导航系统

5.1 建设原则

北斗卫星导航系统的建设与发展,以应用推广和产业发展为根本目标,不仅要建成系统,更要用好系统,强调质量、安全、应用、效益,遵循以下建设原则:

(1)开放性。北斗卫星导航系统的建设、发展和应用将对全世界开放,为全球用户提供高质量的免费服务,积极与世界各国开展广泛而深入的交流与合作,促进各卫星导航系统间的兼容与互操作,推动卫星导航技术与产业的发展。

(2)自主性。中国将自主建设和运行北斗卫星导航系统,北斗卫星导航系统可独立为全球用户提供服务。

(3)兼容性。在全球卫星导航系统国际委员会(ICG)和国际电联(ITU)框架下,使北斗卫星导航系统与世界各卫星导航系统实现兼容与互操作,使所有用户都能享受到卫星导航发展的成果。

(4)渐进性。中国将积极稳妥地推进北斗卫星导航系统的建设与发展,不断完善服务质量,并实现各阶段的无缝衔接。

5.2 发展历程

卫星导航系统是重要的空间信息基础设施。中国高度重视卫星导航系统的建设,一直在努力探索和发展拥有自主知识产权的卫星导航系统。2000 年,首先建成北斗导航试验系统,使我国成为继美、俄之后的世界上第三个拥有自主卫星导航系统的国家。该系统已成功应用于测绘、电信、水利、渔业、交通运输、森林防火、减灾救灾和公共安全等诸多领域,产生显著的经济效益和社会效益。特别是在汶川抗震救灾、2008 年北京奥运会中发挥了重要作用。为更好地服务于国家建设与发展,满足全球应用需求,我国启动实施了北斗卫星导航系统建设。我国卫星导航系统的建设分三步走:第一步,北斗一号系统,已于 2003 年建成并投入运营;第二步,北斗二号区域系统,于 2004 年启动,于 2012 年建成;第三步,覆盖全球、高精度的北斗二号全球系统,预计 2020 年建成。

已建成的北斗一号系统由两颗地球静止卫星、地面控制系统和用户终端等三部分组成,又称为"双星定位系统"。其用户终端定位时需要发射定位申请信号,由位于北京的地面中心站解算出用户位置,再通过卫星传送给用户。除定位功能外,北斗一号还具有独特的卫星短报文通信功能,两个北斗用户哪怕相距遥远,只要都能看见北斗卫星,就能够在 1 s 内实现短消息通信。

北斗一号系统的建立,打破了美国和俄罗斯在这一领域的垄断地位,使我国成为世界上第三个拥有自主卫星导航系统的国家。

北斗一号系统已连续稳定运行 12 年多,在部队边防巡逻、作战指挥、训练演习、后勤保障、抢险救灾等军事活动中发挥了重要作用,如在 2008 年汶川抗震救灾中,北斗一号导航系统就发挥了独特的优势。此外,北斗一号系统在渔政渔业、水文监测、森林防火等方面也得到了成功应用。

受工作原理限制,北斗一号系统工作区域局限于我国及周边地区,只能为中低动态用户提供定位服务,不具备测速功能,不能满足精确制导的需要。尚不能满足我国国防建设和国民经济建设长期发展的需求。

北斗二号系统包括区域和全球两个发展阶段,全球系统相对区域系统除覆盖范围扩大外,其定位精度、导航能力均有显著提升。它们的定位原理和 GPS、GLONASS、Galileo 完全相同,用户终端无须发射信号,仅需要同时接收 4 颗以上的卫星信号,即可解算出自身的位置。与此同时,北斗二号还保留并加强了北斗一号的短报文通信功能,这也是北斗二号不同于 GPS、GLONASS、Galileo 的一大特色。北斗二号建成之后将与 GPS、GLONASS 和 Galileo 并列成为四大全球卫星导航系统。

在应用方面,由于定位原理相同,精度相当,GPS 目前所涉及的军民各种应用领域,北斗二号同样可以胜任。此外,强化后的短报文通信功能将成为北斗二号相对其他系统的一大亮点。

北斗卫星导航系统由空间段、地面段和用户段三部分组成。空间段包括 5 颗静止轨道卫星和 30 颗非静止轨道卫星;地面段包括主控站、注入站和监测站等若干个地面站;用户段包括北斗用户终端以及与其他卫星导航系统兼容的终端。

5.3 发展计划

目前,我国正在实施北斗卫星导航系统建设,已成功发射三颗北斗导航卫星。根据系统建设总体规划,于 2012 年左右,系统首先具备覆盖亚太地区的定位、导航和授时以及短报文通信服务能力;2020 年左右,建成覆盖全球的北斗卫星导航系统。

5.4 服务

北斗卫星导航系统致力于向全球用户提供高质量的定位、导航和授时服务,包括开放服务和授权服务两种方式。开放服务是向全球免费提供定位、测速和授时服务,定位精度 10 m,测速精度 0.2 m/s,授时精度 10 ns。授权服务是为有高精度、高可靠卫星导航需求的用户,提供定位、测速、授时和通信服务以及系统完好性信息。

为使北斗卫星导航系统更好地为全球服务,加强北斗卫星导航系统与其他卫星导航系统之间的兼容与互操作,促进卫星定位、导航、授时服务的全面应用,中国愿意与其他国家合作,共同发展卫星导航事业。

学习单元1.2 GPS概述

【学习目标】

1. 了解GPS的发展过程。
2. 掌握GPS系统的组成。
3. 掌握GPS采用的坐标系统、时间系统。
4. 了解GPS导航电文的组成，了解GPS用于导航定位的已调波。

【学习任务】

1. 了解GPS发展过程。
2. 掌握GPS系统3大部分的组成。
3. 理解GPS卫星的作用。
4. 了解GPS接收机的分类。
5. 掌握GPS采用的坐标系统、时间系统。
6. 了解GPS导航电文的组成。
7. 了解GPS用于导航定位的已调波。

1 概要

建立国家:美国。

目的:在全球范围内，提供实时、连续、全天候的导航定位及授时服务。

开始筹建时间:1973年。

完全建成时间:1994年。

系统构成:空间部分、地面控制部分、用户部分。

服务方式:通过由多颗卫星组成的卫星星座提供导航定位服务。

定位原理:空间距离后方交会。

测距原理:被动式电磁波测距。

特点:全球覆盖、全天候、不间断、精度高。

全球定位系统，又称全球卫星定位系统，是一个中距离圆形轨道卫星导航系统。它可以为地球表面绝大部分地区(98%)提供准确的定位、测速和高精度的时间标准。系统由美国国防部研制和维护，可满足位于全球任何地方或近地空间的军事用户连续精确的确定三维位置、三维运动和时间的需要。该系统包括太空中的24颗GPS卫星;地面上的1个主控站、3个数据注入站和5个监测站及作为用户端的GPS接收机。

该系统由美国政府于20世纪70年代开始进行研制并于1994年全面建成。使用者只需拥有GPS接收机即可使用该服务，无需另外付费。GPS信号分为民用的标准定位服务(Standard Positioning Service,SPS)和军规的精确定位服务(Precise Positioning Service,PPS)两类。由于SPS无须任何授权即可任意使用，原本美国因为担心敌对国家或组织会利用SPS对美国发动攻击，故在民用信号中人为地加入误差(即SA政策,Selective Availability)以降低其精确度，使其最终定位精确度大概在100 m;军规的精度在10 m以下。

2000 年以后,克林顿政府决定取消对民用信号的干扰。因此,现在民用 GPS 也可以达到 10 m 左右的定位精度。

GPS 系统拥有如下多种优点:全天候,不受任何天气的影响;全球覆盖(高达 98%);三维定速、定时、高精度;快速、省时、高效率;应用广泛、多功能;可移动定位;不同于双星定位系统,使用过程中接收机不需要发出任何信号,增加了隐蔽性,提高了其军事应用效能。

2　GPS 系统发展历程

2.1　前身

20 世纪 60 年代初,美国研制成功潜射弹道导弹后,确定发射导弹核潜艇位置这一难题推动了卫星导航定位系统的快速发展,使美国成为世界上最早研制和应用导航定位卫星的国家。

GPS 系统的前身为美军研制的一种子午仪卫星定位系统(Transit),1958 年研制,1964 年美国海军初步建成并交付使用,是美国第一代天基导航定位系统。该系统用 5 ~ 6 颗卫星组成的星网工作,每天最多绕过地球 13 次,并且无法给出高度信息,在定位精度方面也不尽如人意。然而,子午仪系统使得研发部门对卫星定位取得了初步的经验,并验证了由卫星系统进行定位的可行性,为 GPS 系统的研制奠定了基础。

由于卫星定位显示出在导航方面的巨大优越性及子午仪系统存在对潜艇和舰船导航方面的巨大缺陷,美国海陆空三军及民用部门都感到迫切需要一种新的卫星导航系统。为此,美国海军研究实验室(NRL)提出了名为 Tinmation 的用 12 ~ 18 颗卫星组成 10 000 km 高度的全球定位网计划,并于 1967 年、1969 年和 1974 年各发射了一颗试验卫星,在这些卫星上初步试验了原子钟计时系统,这是 GPS 系统精确定位的基础。而美国空军则提出了 621 – B 的以每星群 4 ~ 5 颗卫星组成 3 ~ 4 个星群的计划,这些卫星中除 1 颗采用同步轨道外其余的都使用周期为 24 h 的倾斜轨道。该计划以伪随机码(PRN)为基础传播卫星测距信号,其功能强大,当信号密度低于环境噪声的 1% 时也能将其检测出来。伪随机码的成功运用是 GPS 系统得以成功的一个重要基础。海军的计划主要用于为舰船提供低动态的二维定位,空军的计划能够提供高动态服务,然而系统过于复杂。由于同时研制两个系统会造成巨大的费用,而且这里两个计划都是为了提供全球定位而设计的,所以 1973 年美国国防部将二者合二为一,批准研制 GPS,并由国防部牵头的卫星导航定位联合计划局(JPO)领导,还将办事机构设立在洛杉矶的空军航天处。该机构成员众多,包括美国陆军、海军、海军陆战队、交通部、国防制图局、北约和澳大利亚的代表。

2.2　计划

最初的 GPS 计划在联合计划局的领导下诞生了,该方案将 24 颗卫星放置在互成 120°的三个轨道上。每个轨道上有 8 颗卫星,地球上任何一点均能观测到 6 ~ 9 颗卫星。这样,粗码精度可达 100 m,精码精度为 10 m。由于预算压缩,GPS 计划不得不减少卫星发射数量,改为将 18 颗卫星分布在互成 60°的 6 个轨道上。然而这一方案使得卫星可靠性得不到保障。1988 年又进行了最后一次修改:21 颗工作卫星和 3 颗备份卫星工作在互成 30°的 6 条轨道上。这也是现在 GPS 卫星所使用的工作方式。

2.3 计划实施

GPS 计划的实施共分三个阶段:

第一阶段为方案论证和初步设计阶段。

1978~1979 年,由位于加利福尼亚的范登堡空军基地采用双子座火箭发射 4 颗试验卫星,卫星运行轨道长半轴为 26 560 km,倾角 64°。轨道高度 20 000 km。

1978 年 2 月 22 日,第一颗 GPS 试验卫星发射成功。

这一阶段主要研制了地面接收机及建立地面跟踪网,结果令人满意。

第二阶段为全面研制和试验阶段。

1979~1984 年,又陆续发射了 7 颗称为 BLOCKI 的试验卫星,研制了各种用途的接收机。试验表明,GPS 定位精度远远超过设计标准,利用粗码定位,其精度就可达 14 m。

第三阶段为实用组网阶段。

1989 年 2 月 4 日,第一颗 GPS 工作卫星发射成功,表明 GPS 系统进入工程建设阶段。

1991 年,在海湾战争中,GPS 首次大规模应用于实战。

1993 年底实用的 GPS 网,即(21+3)GPS 星座已经建成,今后将根据计划更换失效的卫星。

1995 年 7 月 17 日,GPS 达到 FOC——完全运行能力(Full Operational Capability)。

1999 年 1 月 25 日,美国副总统戈尔宣布,将斥资 40 亿美元,进行 GPS 现代化。

1999 年 8 月 21~22 日子夜,GPS 发生 GPS 周结束翻转(EOW)问题。

2000 年 1 月 1 日,“千年虫”问题。

2000 年 5 月 1 日,美国总统克林顿宣布,GPS 停止实施 SA(实际停止实施 SA 是 5 月 2 日)。

3 GPS 系统组成

GPS 的整个系统由空间部分、地面控制部分和用户部分组成(见图 1-5)。

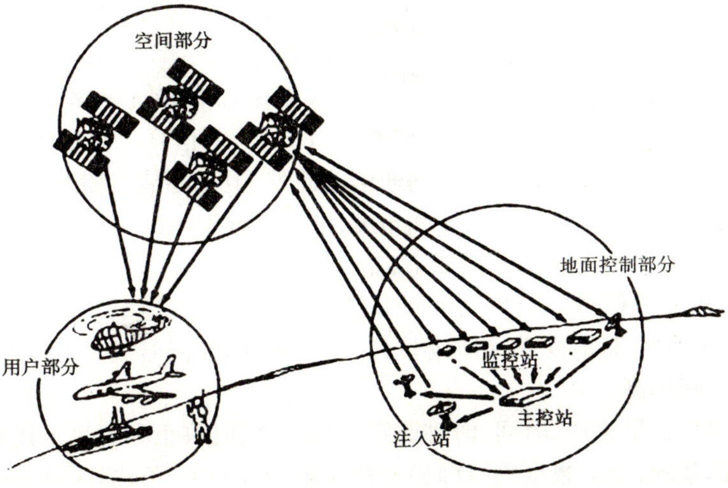

图 1-5 GPS

3.1 空间部分

GPS 的空间部分设计由 24 颗 GPS 工作卫星所组成，这些 GPS 工作卫星共同组成了 GPS 卫星星座，其中 21 颗为可用于导航的卫星，3 颗为活动的备用卫星。这 24 颗卫星分布在 6 个倾角为 55°的轨道上绕地球运行，保证在 24 h，高度角 15°以上，能够同时观测到 4 ~8 颗卫星。周期 11 h 58 min（顾及地球自转，地球—卫星的几何关系每天提前 4 min 重复一次），约为 12 恒星时。每颗 GPS 工作卫星都发出用于导航定位的信号。GPS 用户正是利用这些信号来进行工作的。GPS 星座及卫星见图 1-6。

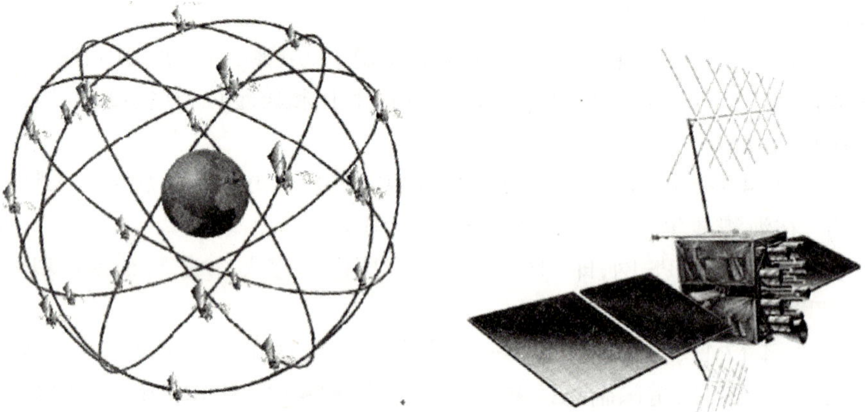

图 1-6　GPS 星座及卫星

1989 年 2 月 4 日，第一颗 GPS 工作卫星发射成功，这一阶段的卫星称为 BLOCKII 和 BLOCKIIA。此阶段宣告 GPS 系统进入工程建设状态。1993 年底使用的 GPS 网，即 (21 +3) GPS 星座已经建成，今后将根据计划更换失效的卫星。

GPS 卫星是由洛克菲尔国际公司空间部研制的，卫星重 774 kg，使用寿命为 7 年。卫星采用蜂窝结构，主体成柱形，直径为 1.5 m。卫星两侧装有两块双叶对日定向太阳能电池帆板（BLOCKI），全长 5.33 m，接受日光面积为 7.2 m^2。对日定向系统控制两翼电池帆板旋转，使板面始终对准太阳，为卫星不断提供电力，并给三组 15 Ah 镍镉电池充电，以保证卫星在地球阴影部分能正常工作。在星体底部装有 12 个单元的多波束定向天线，能发射张角大约为 30°的两个 L 波段（19 cm 波和 24 cm 波）的信号。在星体的两端面上装有全向遥测遥控天线，用于与地面监控网的通信。此外，卫星还装有姿态控制系统和轨道控制系统，以便使卫星保持在适当的高度和角度，准确对准卫星的可见地面。

在 GPS 系统中，GPS 卫星的作用如下：

（1）发送导航定位信号。GPS 卫星用 L 波段的两个无线电载波（$L1$ =19 cm，$L2$ =24 cm）向广大用户连续不断地发送导航定位信号（简称 GPS 信号）。每个载波用导航电文和测距码进行双相调制。

导航电文包括卫星星历、时间、时钟改正、电离层延时改正和卫星工作状态信息等，是导航定位的数据基础，也称数据码（D 码）。由导航电文可知该卫星当前的位置和卫星工作情况。

测距码是伪随机码（PRN），分为粗码（C/A 码）和精码（P 码）。粗码用于捕获信号及粗略定位。精码用于精密定位,但由于美国的 AS 政策,P 码是保密的,禁止非特许用户使用。

载波除传送导航电文和测距码外,也被作为测距信号用于精密定位。

(2)接收注入站发送的导航信息。卫星飞越注入站上空时,接收由地面注入站用 S 波段(10 cm 波段)发送到卫星的导航电文和其他有关信息,并通过 GPS 信号电路,适时地发送给用户。

(3)接收调度命令。接收地面主控站通过注入站发送到卫星的调度命令,适时地改正运行偏差或启用备用时钟等。

GPS 卫星的核心部件是高精度的时钟(原子钟)、导航电文存储器、双频发射和接收机以及微处理机。GPS 定位成功的关键在于高稳定度的频率标准。

3.2 地面控制部分

GPS 的控制部分由分布在全球的若干个跟踪站组成的监控系统构成,根据其作用的不同,这些跟踪站又被分为主控站、监控站和注入站,如图 1-7 所示。地面控制部分全球分布见图 1-8。

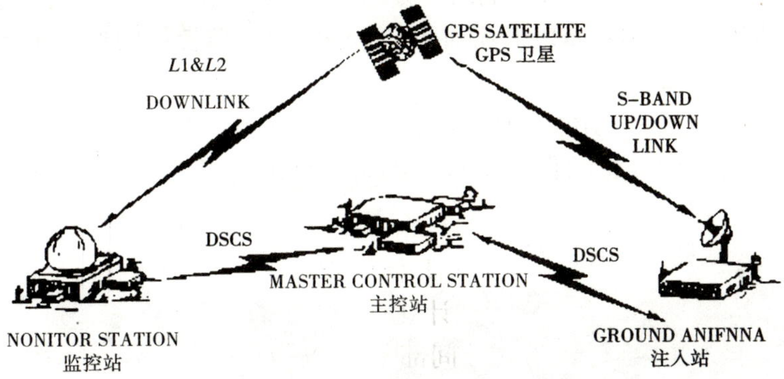

图 1-7 地面控制部分

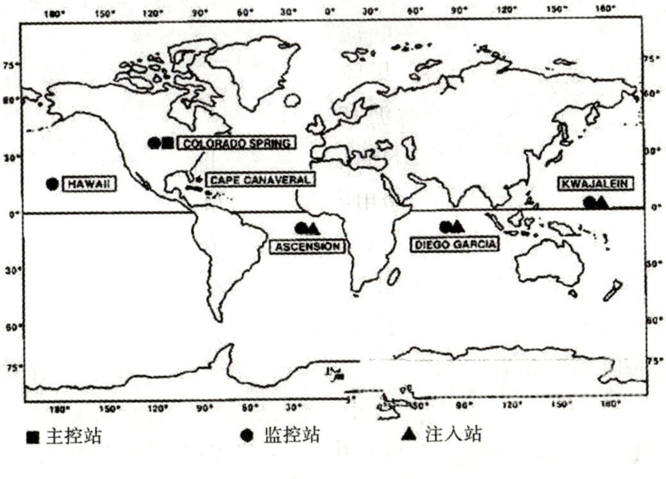

图 1-8 地面控制部分全球分布

主控站有一个,位于美国克罗拉多(Colorado)的法尔孔(Falcon)空军基地,它的作用是根据各监控站对 GPS 的观测数据，计算出卫星的星历和卫星钟的改正参数等，并将这些数据通过注入站注入到卫星中去；同时，它还对卫星进行控制，向卫星发布指令，当工作卫星出现故障时，调度备用卫星，替代失效的工作卫星工作；另外，主控站也具有监控站的功能。主控站见图 1-9。

图 1-9　主控站

监控站有五个，除主控站外，其他四个分别位于夏威夷（Hawaii）、阿松森群岛（Ascencion）、迭哥伽西亚（DiegoGarcia）、卡瓦加兰（Kwajalein）。监控站的作用是接收卫星信号，监测卫星的工作状态。

注入站有三个，它们分别位于阿松森群岛（Ascencion）、迭哥伽西亚（DiegoGarcia）、卡瓦加兰（Kwajalein）。注入站的作用是将主控站计算出的卫星星历和卫星钟的改正数等注入到卫星中去。

监控站、注入站见图 1-10。

图 1-10　监控站、注入站

3.3　用户部分

GPS 的用户部分由 GPS 接收机、数据处理软件及相应的用户设备（如计算机气象仪器等）所组成。它的作用是接收 GPS 卫星所发出的信号，利用这些信号进行导航定位等工作。

GPS 信号接收机的任务是：

（1）捕获 GPS 信号并跟踪卫星。

（2）采集导航定位数据。

(3)解算定位点三维坐标和速度。

GPS 信号接收机能够捕获到按一定卫星截止高度角所选择的待测卫星的信号,并跟踪这些卫星的运行,对所收到的 GPS 信号进行变换、放大和处理,以便测出 GPS 信号从卫星到接收机天线的时间,解释出 GPS 卫星所发射的导航电文,实时计算出测站的三维位置,甚至三维速度和时间。

GPS 接收机主要由天线单元、主机单元和电源三部分组成。其中,主机又可分为接收单元(包括变频器和信号通道)和数据采集单元(包括微处理器、存储器和显示器)。GPS 接收机见图 1-11。

图 1-11 GPS 接收机

天线由接收机天线和前置放大器两大部分组成。天线的作用是将 GPS 卫星信号极微弱的电磁波能转化为相应的电流,而前置放大器则是将 GPS 信号电流放大。

为便于接收机对信号进行跟踪、处理和量测,对天线部分有以下要求:

(1)天线与前置放大器应密封一体,以保障其正常工作,减少信号损失。

(2)能够接收来自任何方向的卫星信号,不产生死角。

(3)有防护与屏蔽多路径效应的措施。

(4)天线的相位中心保持高度的稳定,并与其几何中心尽量一致。

GPS 接收机各部分工作原理(见图 1-12)分述如下:

有的接收机把所有部分都组装在一起,形成一个整体,如手持式接收机;有的接收机把天线单元、接收单元、数据采集单元及电源均分开,有时则把天线单元与接收单元组合在一起。

GPS 接收机的种类很多,既有价格低廉的手持 GPS 接收机,也有价值几十万元的接收机。

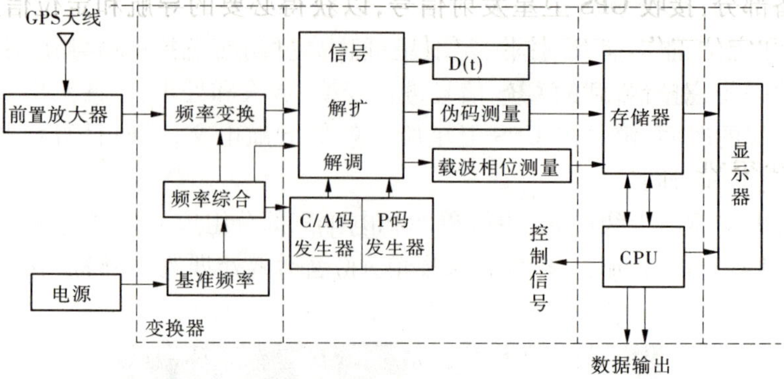

图 1-12　GPS 接收机原理图

3.3.1　按用途来分

(1)导航型接收机:主要用于运动载体的导航,它可以实时给出载体的位置和速度。这类接收机一般采用 C/A 码伪距测量,单点实时定位精度较低,一般为 ±25 mm,有 SA 影响时为 ±100 mm。这类接收机价格便宜,应用广泛。

根据应用领域的不同,此类接收机还可以进一步分为:

车载型——用于车辆导航定位。

航海型——用于船舶导航定位。

航空型——用于飞机导航定位。由于飞机运行速度快,因此在航空上用的接收机要求能适应高速运动。

星载型——用于卫星的导航定位。由于卫星的速度高达 7 km/s 以上,因此对接收机的要求更高。

(2)测地型接收机:采用载波相位观测值进行相对定位,定位精度高,主要用于精密大地测量和精密工程测量。

目前,在 GPS 技术开发和实际应用方面,国际上较为知名的生产厂商有美国 Trimble(天宝)导航公司、瑞士 Leica Geosystems(徕卡测量系统)、日本 TOPCON(拓普康)公司、美国 Magellan(麦哲伦)公司(原泰雷兹导航)等。

(3)授时型接收机:主要利用 GPS 卫星提供的高精度时间标准进行授时,常用于天文台及无线电通信中时间同步。

3.3.2　按接收机载波频率来分

单频接收机:只能接收 L1 载波信号,测定载波相位观测值进行定位。由于不能有效消除电离层延迟影响,单频接收机只适用于短基线(<15 km)的精密定位。

双频接收机:可同时使用 L1 和 L2 载波及其调制波信号,利用双频对电离层延迟的不一样,可以消除电离层对电磁波信号的延迟的影响,因此双频接收机可用于长达几千千米的精密定位,可用于较长基线静态、动态精密定位。

综上所述,GPS 由三个独立的部分组成:

空间部分:21 颗工作卫星,3 颗备用卫星。

地面支撑系统:1 个主控站,3 个注入站,5 个监控站。

用户设备部分:接收 GPS 卫星发射信号,以获得必要的导航和定位信息,经数据处理,完成导航和定位工作。GPS 接收机硬件一般由主机、天线和电源组成。以上这三个部分共同组成了一个完整的 GPS 系统。

4 GPS 坐标系统

全球定位系统(GPS)的最基本任务是确定用户在空间的位置。而所谓用户的位置,实际上是指该用户在特定坐标系的位置坐标。位置是相对于参考坐标系而言的,为此,首先要设立适当的坐标系。坐标系统是由原点位置、3 个坐标轴的指向和尺度所定义的,根据坐标轴指向的不同,可划分为两大类坐标系:天球坐标系和地球坐标系。

由于坐标系相对于时间的依赖性,每一类坐标系又可划分为若干种不同定义的坐标系。不管采用什么形式,坐标系之间通过坐标平移、旋转和尺度转换,可以将一个坐标系转换到另一个坐标系去。

4.1 天球坐标系

天球坐标系是利用基本星历表的数据把基本坐标系固定在天球上,星历表中列出一定数量的恒星在某历元的天体赤道坐标值,以及由于岁差和自转共同影响而产生的坐标变化。常用的天球坐标系有天球赤道坐标系、天球地平坐标系和天文坐标系。

在天球坐标系中,天体的空间位置可用天球空间直角坐标系或天球球面坐标系两种方式来描述。

4.1.1 天球空间直角坐标系的定义

地球质心 O 为坐标原点,Z 轴指向天球北极,X 轴指向春分点,Y 轴垂直于 XOZ 平面,与 X 轴和 Z 轴构成右手坐标系。则在此坐标系下,空间点的位置由坐标(X,Y,Z)来描述。

4.1.2 天球球面坐标系的定义

地球质心 O 为坐标原点,春分点轴与天轴所在平面为天球经度(赤经)测量基准——基准子午面,赤道为天球纬度测量基准而建立球面坐标。空间点的位置在天球坐标系下的表述为(r,α,δ)。

天球空间直角坐标系与天球球面坐标系的关系可用图 1-13 表示。

对同一空间点,天球空间直角坐标系与其等效的天球球面坐标系参数间有如下转换关系

$$\left.\begin{aligned} X &= r\cos\alpha\cos\delta \\ Y &= r\sin\alpha\cos\delta \\ Z &= r\sin\delta \end{aligned}\right\} \tag{1-1}$$

$$\left.\begin{aligned} r &= \sqrt{X^2 + Y^2 + Z^2} \\ \alpha &= \arctan(Y/X) \\ \delta &= \arctan(Z/\sqrt{X^2 + Y^2}) \end{aligned}\right\} \tag{1-2}$$

4.2 地球坐标系

地球坐标系有两种几何表达方式,即地球直角坐标系和地球大地坐标系。

4.2.1　地球直角坐标系的定义

地球直角坐标系的定义是：原点 O 与地球质心重合，Z 轴指向地球北极，X 轴指向地球赤道面与格林尼治子午圈的交点，Y 轴在赤道平面里与 XOZ 构成右手坐标系。

4.2.2　地球大地坐标系的定义

地球大地坐标系的定义是：地球椭球的中心与地球质心重合，椭球的短轴与地球自转轴重合。空间点位置在该坐标系中表述为(L,B,H)。

地球直角坐标系和地球大地坐标系可用图 1-14 表示。

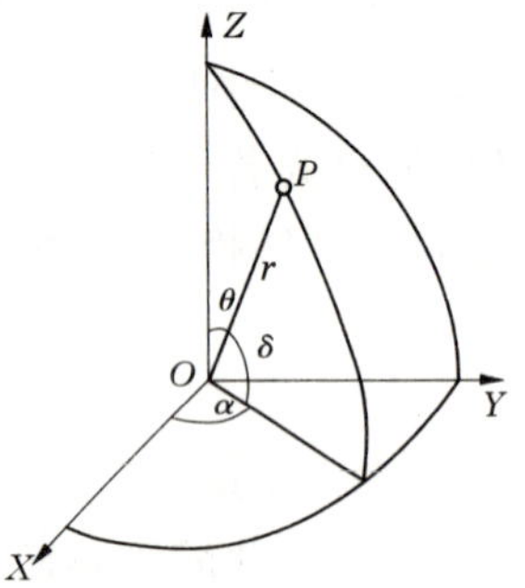

图 1-13　天球空间直角坐标系与天球球面坐标系

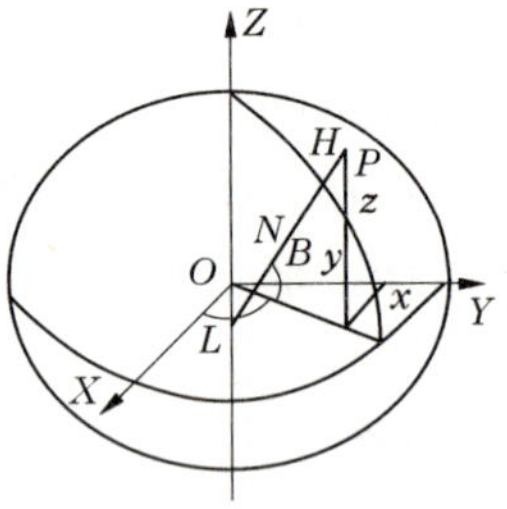

图 1-14　地球直角坐标系和地球大地坐标系

对同一空间点，直角坐标系与大地坐标系参数间有如下转换关系

$$\left.\begin{aligned} X &= (N+H)\cos B\cos L \\ Y &= (N+H)\cos B\sin L \\ Z &= [N(1-e^2)+H]\sin B \end{aligned}\right\} \tag{1-3}$$

$$\left.\begin{aligned} L &= \arctan(Y/X) \\ B &= \arctan\{Z(N+H)/[\sqrt{X^2+Y^2}(N(1-e^2)+H)]\} \\ H &= Z/\sin B - N(1-e^2) \end{aligned}\right\} \tag{1-4}$$

式中：N 为该点的卯酉圈曲率半径；$e^2=(a^2-b^2)/a^2$，a、e 分别为该大地坐标系对应椭球的长半径和第一偏心率。

4.3　站心赤道直角坐标系与站心地平直角坐标系

4.3.1　站心赤道直角坐标系

如图 1-15 所示为站心赤道直角坐标系。P_1 是测站点，O 为球心。以 O 为原点建立球心空间直角坐标系 $O-XYZ$。以 P_1 为原点建立 $O-XYZ$ 与相应坐标轴平行的 $P_1-\overline{X}\ \overline{Y}\ \overline{Z}$坐标系叫站心赤道直角坐标系。

显然，$P_1-\overline{X}\ \overline{Y}\ \overline{Z}$同 $O-XYZ$ 坐标系有简单的平移关系

$$\begin{bmatrix} X \\ Y \\ Z \end{bmatrix} = \begin{bmatrix} \overline{X} \\ \overline{Y} \\ \overline{Z} \end{bmatrix} - \begin{bmatrix} (N+H)\cos B\cos L \\ (N+H)\cos B\sin L \\ [N(1-e^2)+H]\sin B \end{bmatrix} \tag{1-5}$$

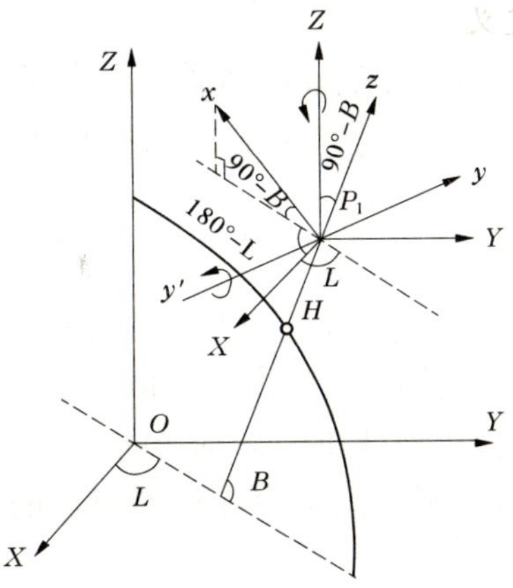

图 1-15　站心赤道直角坐标系

4.3.2　站心地平直角坐标系

以 P_1 为原点,以 P_1 点的法线为 z 轴(指向天顶为正),以子午线方向为 x 轴(向北为正),y 轴与 x,z 垂直(向东为正)建立的坐标系叫站心地平直角坐标系。

站心地平直角坐标系与站心赤道直角坐标系的转换关系如下

$$\begin{bmatrix}\bar{X}\\ \bar{Y}\\ \bar{Z}\end{bmatrix}_{站赤} = R_z(180-L)R_y(90-B)P_y\begin{bmatrix}x\\ y\\ z\end{bmatrix}_{地平}$$

$$= \begin{bmatrix}-\sin B\cos L & -\sin L & \cos B\cos L\\ -\sin B\sin L & \cos L & \cos B\sin L\\ \cos B & 0 & \sin B\end{bmatrix} \tag{1-6}$$

代入式(1-3)可得出站心左手地平直角坐标系与球心空间直角坐标系的转换关系式

$$\begin{bmatrix}X\\ Y\\ Z\end{bmatrix} = \begin{bmatrix}-\sin B\cos L & -\sin L & \cos B\cos L\\ -\sin B\sin L & \cos L & \cos B\sin L\\ \cos B & 0 & \sin B\end{bmatrix}\begin{bmatrix}x\\ y\\ z\end{bmatrix} + \begin{bmatrix}(N+H)\cos B\cos L\\ (N+H)\cos B\sin L\\ [N(1-e^2)+H]\sin B\end{bmatrix} \tag{1-7}$$

4.3.3　站心地平极坐标系

以测站 P_1 为原点,用测站 P_1 至卫星 s 的距离 r、卫星的方位角 A、卫星的高度角 h 为参数建立的与站心地平直角坐标系 P_1-xyz 相等价的坐标系称为站心地平极坐标系 P_1-rAh。

站心地平极坐标系与站心地平直角坐标系的关系为

$$\left.\begin{aligned}x &= r\cos A\cos h\\ y &= r\sin A\cos h\\ z &= r\sin h\end{aligned}\right\} \tag{1-8}$$

$$\left.\begin{aligned} r &= \sqrt{x^2+y^2+z^2} \\ A &= \arctan(y/x) \\ h &= \arctan(z/\sqrt{x^2+y^2}) \end{aligned}\right\} \tag{1-9}$$

4.4 卫星测量中常用坐标系

4.4.1 瞬时极天球坐标系与地球坐标系

瞬时极天球坐标系:原点位于地球质心,z 轴指向瞬时地球自转方向(真天极),x 轴指向瞬时春分点(真春分点),y 轴按构成右手坐标系取向。

瞬时极地球坐标系:原点位于地球质心,z 轴指向瞬时地球自转轴方向,x 轴指向瞬时赤道面和包含瞬时地球自转轴与平均天文台赤道参考点的子午面的交点,y 轴按构成右手坐标系取向。

瞬时极天球坐标系与瞬时极地球坐标系的关系如图 1-16 所示。

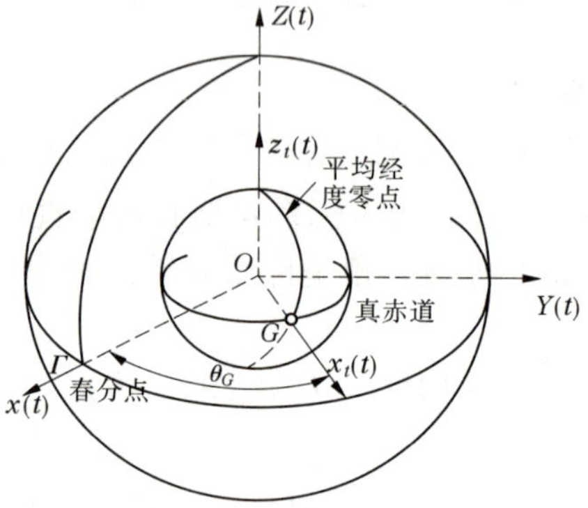

图 1-16 瞬时极天球坐标系与瞬时极地球坐标系的关系

4.4.2 固定极天球坐标系——平天球坐标系

在外力作用下,地球自转轴在空间并不保持固定的方向,而是不断发生变化。地轴的长期运动称为岁差,而其周期运动则称为章动。

由于瞬时极天球坐标系的坐标轴指向不断变化,对研究卫星的运动很不方便,需要建立一个三轴指向不变的固定极天球坐标系——平天球坐标系。即选择某一历元时刻,以此瞬间的地球自转轴和春分点方向分别扣除此瞬间的章动值作为 z 轴和 x 轴指向,y 轴按构成右手坐标系取向,坐标系原点与真天球坐标系相同。瞬时极天球坐标系与平天球坐标系之间的坐标变换通过下面两次变换来实现。

4.4.2.1 岁差旋转变换

$ZM(t_0)$ 表示历元 J2000.0 年平天球坐标系 z 轴指向,$ZM(t)$ 表示所论历元时刻 t 真天球坐标系 z 轴指向。岁差导致地球自转轴的运动使二坐标系 z 轴产生夹角 θ_A;同理,因岁差导致春分点的运动使二坐标系的 x 轴 $XM(t_0)$ 与 $XM(t)$ 产生夹角 ξ_A,Z_A。通过旋转变换得到这样两个坐标系间的变换式为

$$\begin{bmatrix} x \\ y \\ z \end{bmatrix}_{M(t)} = R_z(-Z_A)R_y(\theta_A)R_z(-\xi_A)\begin{bmatrix} x \\ y \\ z \end{bmatrix}_{M(t_0)} \tag{1-10}$$

式中：ξ_A，θ_A，Z_A 为岁差参数。

4.4.2.2　章动旋转变换

类似地，章动旋转变换式如下

$$\begin{bmatrix} x \\ y \\ z \end{bmatrix}_{c(t)} = R_x(-\varepsilon-\Delta\varepsilon)R_z(-\Delta\psi)R_x(\xi)\begin{bmatrix} x \\ y \\ z \end{bmatrix}_{M(t)} \tag{1-11}$$

式中：ε 为所论历元的平黄赤交角；$\Delta\psi$，$\Delta\varepsilon$ 分别为黄经章动和交角章动参数。

4.4.3　固定极地球坐标系——平地球坐标系

（1）极移：地球瞬时自转轴在地球上随时间而变，称为地极移动，简称极移。

（2）瞬时极：与观测瞬间相对应的自转轴所处的位置，称为该瞬时的地球极轴，相应的极点称为瞬时极。依瞬时地球自转轴定向的坐标系称为瞬时极地球坐标系。

（3）国际协定原点 *CIO*：采用国际上 5 个纬度服务站的资料，以 1900.00 ~ 1905.05 年地球自转轴瞬时位置的平均位置作为地球的固定极称为国际协定原点 *CIO*。平地球坐标系的 z 轴指向 *CIO*。

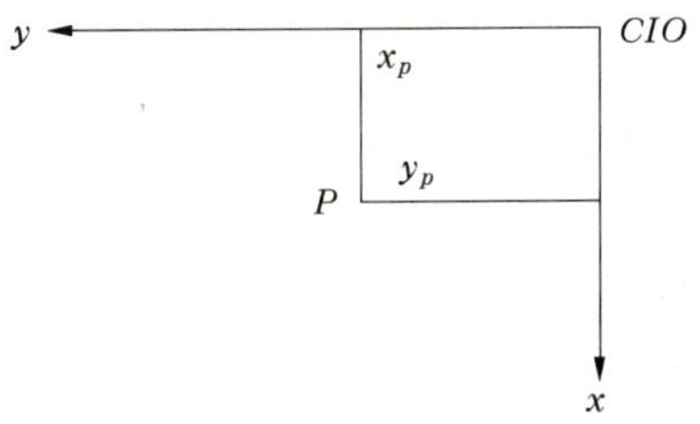

图 1-17　瞬时极与平极关系

（4）平地球坐标系：取平地极为坐标原点，z 轴指向 *CIO*，x 轴指向协定赤道面与格林尼治子午线的交点，y 轴在协定赤道面里，与 xoz 构成右手系统而成的坐标系统称为平地球坐标系。

平地球坐标系与瞬时地球坐标系的转换公式

$$\begin{bmatrix} x \\ y \\ z \end{bmatrix}_{em} = R_y(-x''_p)R_x(y''_p)\begin{bmatrix} x \\ y \\ z \end{bmatrix}_{et} \tag{1-12}$$

式中：下标 em 表示平地球坐标系；下标 et 表示 t 时的瞬时地球坐标系；x''_p，y''_p 为 t 时刻以角度表示的极移值。

4.4.4　坐标系的两种定义方式与协议坐标系

通常，理论上坐标系的定义过程是先选定一个尺度单位，然后定义坐标原点的位置和坐标轴的指向。实际应用中，在已知若干测站点的坐标值后，通过观测又可反过来定义该坐标系。前一种方式称为坐标系的理论定义。而由一系列已知测站点所定义的坐标系称为协定坐标系。

4.5 WGS－84 坐标系和我国大地坐标系

4.5.1 WGS－84 坐标系

WGS－84 的定义：WGS－84 是修正 NSWC9Z－2 参考系的原点和尺度变化，并旋转其参考子午面与 BIH 定义的零度子午面一致而得到的一个新参考系，WGS－84 坐标系的原点在地球质心，Z 轴指向 BIH1984.0 定义的协定地球极（CTP）方向，X 轴指向 BIH1984.0 的零度子午面和 CTP 赤道的交点，Y 轴和 Z、X 轴构成右手坐标系。它是一个地固坐标系。

WGS－84 椭球及其有关常数：WGS－84 采用的椭球是国际大地测量与地球物理联合会第十七届大会大地测量常数推荐值，其四个基本参数如下：

长半径：$a = 6\ 378\ 137 \pm 2(\mathrm{m})$；

地球引力常数：$GM = 3\ 986\ 005 \times 10^{8}\ \mathrm{m}^{3}/\mathrm{s}^{2} \pm 0.6 \times 10^{8}\ \mathrm{m}^{3}/\mathrm{s}^{2}$；

正常化二阶带谐系数：$C20 = -484.166\ 85 \times 10^{-6} \pm 1.3 \times 10^{-9}$；

地球重力场二阶带球谐系数：$J2 = 108\ 263 \times 10^{-8}$；

地球自转角速度：$\omega = 7\ 292\ 115 \times 10^{-11}\ \mathrm{rad/s} \pm 0.150 \times 10^{-11}\ \mathrm{rad/s}$。

建立 WGS－84 世界大地坐标系的一个重要目的，是在世界上建立一个统一的地心坐标系。

4.5.2 国家大地坐标系

4.5.2.1 1954 年北京坐标系（BJ54 旧）

坐标原点：苏联的普尔科沃。

参考椭球：克拉索夫斯基椭球。

平差方法：分区分期局部平差。

存在问题：

（1）椭球参数有较大误差。

（2）参考椭球面与我国大地水准面存在着自西向东明显的系统性倾斜。

（3）几何大地测量和物理大地测量应用的参考面不统一。

（4）定向不明确。

4.5.2.2 1980 年国家大地坐标系（GDZ80）

坐标原点：陕西省泾阳县永乐镇。

参考椭球：1975 年国际椭球。

平差方法：天文大地网整体平差。

特点：

（1）采用 1975 年国际椭球。

（2）参心大地坐标系是在 1954 年北京坐标系基础上建立起来的。

（3）椭球面同似大地水准面在我国境内最为密合，是多点定位。

（4）定向明确。

（5）大地原点地处我国中部。

(6)大地高程基准采用1956年黄海高程。

4.5.2.3 新1954年北京坐标系(BJ54新)

新1954年北京坐标系(BJ54新)是由1980年国家大地坐标系(GDZ80)转换得来的。

坐标原点:陕西省泾阳县永乐镇。

参考椭球:克拉索夫斯基椭球。

平差方法:天文大地网整体平差。

BJ54新的特点:

(1)采用克拉索夫斯基椭球。

(2)是综合GDZ80和BJ54旧建立起来的参心坐标系。

(3)采用多点定位。但椭球面与大地水准面在我国境内不是最佳拟合。

(4)定向明确。

(5)大地原点与GDZ80相同,但大地起算数据不同。

(6)大地高程基准采用1956年黄海高程。

(7)与BJ54旧相比,所采用的椭球参数相同,其定位相近,但定向不同。

(8)BJ54旧与BJ54新无全国统一的转换参数,只能进行局部转换。

4.5.3 地方独立坐标系

在生产实际中,我们通常把控制网投影到当地平均海拔高度面上,并以当地子午线作为中央子午线进行高斯投影建立地方独立坐标系。地方独立坐标系隐含一个与当地平均海拔高度对应的参考椭球——地方参考椭球。地方参考椭球的中心、轴向和扁率与国家参考椭球相同,其长半径则有一改正量。

设地方独立坐标系位于海拔高度为h的曲面上,该地方的大地水准面差距为ζ,则该曲面离国家参考椭球的高度为

$$dN = h + \zeta \tag{1-13}$$

又由独立坐标系的定义知

$$dN/N = da/a \tag{1-14}$$

于是,地方参考椭球和国家参考椭球的关系可以表述为:

中心一致

$$X_0 = 0 \quad Y_0 = 0 \quad Z_0 = 0$$

轴向一致

$$\varepsilon_X = 0 \quad \varepsilon_Y = 0 \quad \varepsilon_Z = 0$$

扁率相等

$$\alpha_L = \alpha$$

长半径有一增量

$$da = (dN/N)a$$

$$a_L = a - da$$

4.6 坐标系统之间的转换

在实际的应用中往往已知空间点对于某一坐标系的坐标,需要计算它对于另一坐标系的坐标,因此就要进行坐标的转换。具体解法可分成两大类:一类是利用球面三角有关

公式求解；另一类是利用直角坐标转换关系求解。

4.6.1　不同空间直角坐标系统之间的转换

进行不同空间直角坐标系统之间的转换，需要求出坐标系统之间的转换参数。转换参数一般是利用冲核电的两套坐标值通过一定的数学模型进行计算的。当重合点数为三个以上时，可以采用布尔莎七参数法进行转换。

设 $\boldsymbol{X}_{Di}$ 和 $\boldsymbol{X}_{Gi}$ 分别为地面网点和 GPS 网点的参心及地心坐标向量。由布尔莎模型可知

$$\boldsymbol{X}_{Di} = \Delta X + (1 + k)\boldsymbol{R}(\varepsilon_X)\boldsymbol{R}(\varepsilon_Y)\boldsymbol{R}(\varepsilon_Z)\boldsymbol{X}_{Gi} \tag{1-15}$$

式中：$\boldsymbol{X}_{Di} = (\boldsymbol{X}_{Di}, Y_{Di}, Z_{Di})$，$\boldsymbol{X}_{Gi} = (X_{Gi}, Y_{Gi}, Z_{Gi})$，$\boldsymbol{\Delta X} = (\boldsymbol{\Delta X}, \boldsymbol{\Delta Y}, \boldsymbol{\Delta Z})$ 是平移参数矩阵；k 是尺度变化参数。

$\varepsilon_X, \varepsilon_Y, \varepsilon_Z$ 为三维空间直角坐标变换的三个旋转角，也称欧勒角，与它相对应的旋转矩阵分别为

$$\left.\begin{aligned}
\boldsymbol{R}(\varepsilon_X) &= \begin{bmatrix} 1 & 0 & 0 \\ 0 & \cos\varepsilon_X & \sin\varepsilon_X \\ 0 & -\sin\varepsilon_X & \cos\varepsilon_X \end{bmatrix} \\
\boldsymbol{R}(\varepsilon_Y) &= \begin{bmatrix} \cos\varepsilon_Y & 0 & -\sin\varepsilon_Y \\ 0 & 1 & 0 \\ \sin\varepsilon_Y & 0 & \cos\varepsilon_Y \end{bmatrix} \\
\boldsymbol{R}(\varepsilon_Z) &= \begin{bmatrix} \cos\varepsilon_Z & \sin\varepsilon_Z & 0 \\ -\sin\varepsilon_Z & \cos\varepsilon_Z & 0 \\ 0 & 0 & 1 \end{bmatrix}
\end{aligned}\right\} \tag{1-16}$$

令 $\boldsymbol{R}_0 = \boldsymbol{R}(\varepsilon_X)\boldsymbol{R}(\varepsilon_Y)\boldsymbol{R}(\varepsilon_Z)$，则

$$\boldsymbol{R}_0 = \begin{bmatrix} \cos\varepsilon_Y\cos\varepsilon_Z & \cos\varepsilon_Y\sin\varepsilon_Z & -\sin\varepsilon_Y \\ -\cos\varepsilon_X\sin\varepsilon_Z + \sin\varepsilon_X\sin\varepsilon_Y\cos\varepsilon_Z & \cos\varepsilon_X\cos\varepsilon_Z + \sin\varepsilon_Y\sin\varepsilon_Y\sin\varepsilon_Z & \sin\varepsilon_X\cos\varepsilon_Y \\ \sin\varepsilon_X\sin\varepsilon_Z + \cos\varepsilon_X\sin\varepsilon_Y\cos\varepsilon_Z & -\sin\varepsilon_X\cos\varepsilon_Z + \cos\varepsilon_X\sin\varepsilon_Y\sin\varepsilon_Z & \cos\varepsilon_X\cos\varepsilon_Y \end{bmatrix} \tag{1-17}$$

一般 $\varepsilon_X, \varepsilon_Y, \varepsilon_Z$ 为微小转角，可取

$$\cos\varepsilon_X = \cos\varepsilon_Y = \cos\varepsilon_Z = 1$$

$$\sin\varepsilon_X = \varepsilon_X, \sin\varepsilon_Y = \varepsilon_Y, \sin\varepsilon_Z = \varepsilon_Z$$

$$\sin\varepsilon_X\sin\varepsilon_Y = \sin\varepsilon_X\sin\varepsilon_Z = \sin\varepsilon_Y\sin\varepsilon_Z = 0$$

于是可化简为

$$\boldsymbol{R}_0 = \begin{bmatrix} 1 & \varepsilon_Z & -\varepsilon_Y \\ -\varepsilon_Z & 1 & \varepsilon_X \\ \varepsilon_Y & -\varepsilon_X & 1 \end{bmatrix} \tag{1-18}$$

式(1-18)称微分旋转矩阵。

相应的转换公式为

$$\begin{bmatrix} X_{Di} \\ Y_{Di} \\ Z_{Di} \end{bmatrix} = (1+k)\begin{bmatrix} X_{Gi} \\ Y_{Gi} \\ Z_{Gi} \end{bmatrix} + \begin{bmatrix} 0 & \varepsilon_Z & -\varepsilon_Y \\ -\varepsilon_Z & 0 & \varepsilon_X \\ \varepsilon_Y & -\varepsilon_X & 0 \end{bmatrix}\begin{bmatrix} X_{Gi} \\ Y_{Gi} \\ Z_{Gi} \end{bmatrix} + \begin{bmatrix} \Delta X \\ \Delta Y \\ \Delta Z \end{bmatrix} \tag{1-19}$$

4.6.2 不同大地坐标系的转换

对于不同大地坐标系的换算,除包含三个平移参数、三个旋转参数和一个尺度变化参数外,还包括两个地球椭球元素变化参数。不同大地坐标系的换算公式为

$$\begin{aligned}
\begin{bmatrix} dL \\ dB \\ dH \end{bmatrix} = & \begin{bmatrix} -\dfrac{\sin L}{(N+H)\cos B}\rho'' & \dfrac{\cos L}{(N+H)\cos B}\rho'' & 0 \\ -\dfrac{\sin B\cos L}{M+H}\rho'' & -\dfrac{\sin B\sin L}{M+H}\rho'' & \dfrac{\cos B}{M+H}\rho'' \\ \cos B\cos L & \cos B\sin L & \sin B \end{bmatrix}\begin{bmatrix} \Delta X_0 \\ \Delta Y_0 \\ \Delta Z_0 \end{bmatrix} + \\
& \begin{bmatrix} \tan B\cos L & \tan B\sin L & -1 \\ -\sin L & \cos L & 0 \\ -\dfrac{Ne^2\sin B\cos B\sin L}{\rho''} & \dfrac{Ne^2\sin B\cos B\cos L}{\rho''} & 0 \end{bmatrix}\begin{bmatrix} \varepsilon_X \\ \varepsilon_Y \\ \varepsilon_Z \end{bmatrix} - \\
& \begin{bmatrix} 0 \\ -\dfrac{N}{N+H}e^2\sin B\cos B\rho'' \\ N(1-e^2\sin^2 B)+H \end{bmatrix} m + \\
& \begin{bmatrix} 0 & 0 \\ \dfrac{N}{(M+H)a}e^2\sin B\cos B\rho'' & \dfrac{M(2-e^2\sin^2 B)}{(M+H)(1-\alpha)}\sin B\cos B\rho'' \\ -\dfrac{N}{a}(1-e^2\sin^2 B) & \dfrac{M}{1-\alpha}(1-e^2\sin^2 B)\sin^2 B \end{bmatrix}\begin{bmatrix} da \\ d\alpha \end{bmatrix}
\end{aligned} \tag{1-20}$$

式(1-20)通常称为广义大地坐标微分公式或广义变换椭球微分公式。如略去旋转参数和尺度变化参数的影响,即简化为一般的大地坐标微分公式。根据3个以上公共点的两套大地坐标值,可列出9个以上方程,可按最小二乘法求得8个转换参数。

4.6.3 大地坐标系和空间大地直角坐标系的换算

大地坐标系和空间大地直角坐标系的换算,是生产实践中经常遇到的问题,由 L,B 和 H 解算 X,Y,Z 可由公式直接解算;由 X,Y,Z 解算 L,B,H 一般用迭代解法或直接解法。

5 GPS 时间系统

5.1 恒星时 *ST*

定义:以春分点为参考点,由它的周日视运动所确定的时间称为恒星时。

计量时间单位:恒星日、恒星小时、恒星分、恒星秒。

一个恒星日 =24 个恒星小时 =1 440 个恒星分 =86 400 个恒星秒。

分类:真恒星时和平恒星时。

5.2 平太阳时 *MT*

定义:以平太阳作为参考点,由它的周日视运动所确定的时间称为平太阳时。

计量时间单位:平太阳日、平太阳小时、平太阳分、平太阳秒。

一个平太阳日 =24 个平太阳小时 =1 440 平太阳分 =86 400 个平太阳秒。

平太阳时与日常生活中使用的时间系统是一致的,通常钟表所指示的时刻正是平太阳时。

5.3 世界时 *UT*

定义:以平子午夜为零时起算的格林尼治平太阳时定义为世界时 *UT*。

5.4 原子时 *ATI*

原子时是以物质内部原子运动的特征为基础建立的时间系统。

原子时的尺度标准:国际制秒(SI)。

原子时的原点由下式确定

$$AT = UT2 - 0.003\ 9(\mathrm{s})$$

5.5 协调世界时 *UTC*

为了兼顾对世界时时刻和原子时秒长两者的需要,建立了一种折中的时间系统,称为协调世界时 *UTC*。根据国际规定,协调世界时 *UTC* 的秒长与原子时秒长一致,在时刻上则要求尽量与世界时接近。

协调时与国际原子时之间的关系,如下式所示

$$ATI = UTC + 1\ \mathrm{s} \times n(n\ 为调整参数)$$

5.6 GPS 时间系统 *GPST*

GPST 属于原子时系统,它的秒长即为原子时秒长,*GPST* 的原点与国际原子时 *ATI* 相差 19 s。有关系式

$$ATI - GPST = 19\ \mathrm{s}$$

GPS 时间系统与各种时间系统的关系如图 1-18 所示。

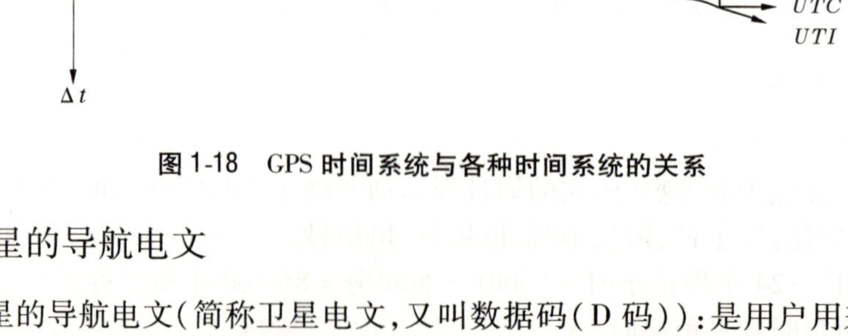

图 1-18　GPS 时间系统与各种时间系统的关系

6 GPS 卫星的导航电文

GPS 卫星的导航电文(简称卫星电文,又叫数据码(D 码)):是用户用来定位和导航的数据基础。它主要包括:卫星星历、时钟改正、电离层时延码转换到捕获 P 码的信息。

它的基本单位是长 1 500 bit 的一个主帧(见图 1-19),传输速率是 50 bit/s,30 s 传送

完毕一个主帧。一个主帧包括5个子帧,第1、2、3子帧每30 s重复一次,内容每小时更新一次。第4、5子帧的全部信息则需要750 s才能够传送完。即第4、5子帧是12.5 min播完一次,然后重复之,其内容仅在卫星注入新的导航数据后才得以更新。

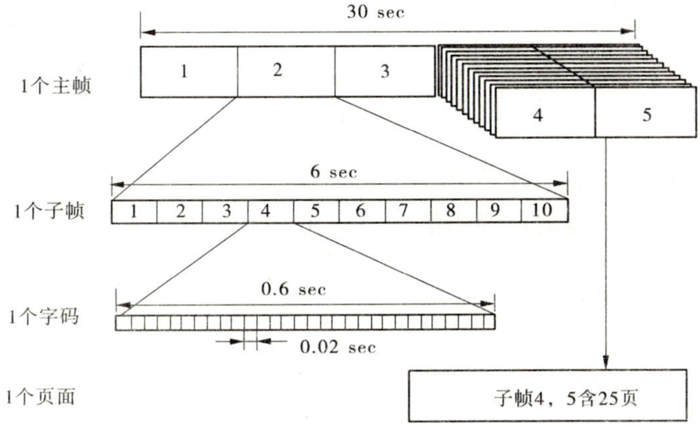

图1-19 导航电文基本构成图

6.1 **遥测码**(TLW,即 Telemetry Word)

遥测码位于各子帧的开头,它用来表明卫星注入数据的状态,以此指示用户是否选用该颗卫星。

6.2 **转换码**(HOW,即 Hand Over Word)

转换码位于每个子帧的第二个字码,其作用是提供帮助用户从所捕获的C/A码转换到捕获P码的Z计数。所谓的Z计数,是由17个比特组成的,从本质上讲是一个时间计数,它给出了下一个子帧开始瞬间的GPS时。为方便起见,Z计数给出的是从每星期的起始时刻(星期六/星期日子夜零时)开始播发的子帧数。因此,当知道了Z计数,即知道了观测瞬间在P码周期中所处的准确位置,这样便可迅速捕获P码。

6.3 **第一数据块**

第一数据块位于第1子帧的第3~10字码,它的主要内容包括:①标识码,时延差改正;②星期序号;③卫星健康状况;④数据龄期;⑤卫星时钟改正系数等。

6.3.1 时延差改正 T_{gd}

时延差改正T_{gd}就是载波L1、L2的电离层时延差。当使用单频接收机时,为了减小电离层的影响,提高定位精度,要用T_{gd}改正观测结果,双频接收机可通过$L1$、$L2$两频率的组合来消除电离层的影响,不需要此项改正。

6.3.2 数据龄期 $AODC$

卫星时钟的数据龄期$AODC$是时钟改正数的外推时间间隔,它指明卫星时钟改正数的置信度。

$$AODC = t_{oc} - t_1 \tag{1-21}$$

式中:t_{oc}为第一数据块的参考时刻;t_1是计算时钟改正参数所用数据的最后观测时间。

6.3.3 星期序号 WN

WN表示从1980年1月6日子夜零点(UTC)起算的星期数,即GPS星期数。

6.3.4 卫星时钟改正

GPS 时间系统是以地面主控站的主原子钟为基准。主控站主钟的不稳定性，使得 GPS 时间和 UTC 时间之间存在着差值。地面监控系统通过临测确定出这种差值，并用导航电文播发给广大用户。

每一颗 GPS 卫星的时钟相对 GPS 时系存在着差值，需加以改正，这是卫星时钟改正

$$\Delta t_s = a_0 + a_1(t - t_{oc}) + a_2(t - t_{oc})^2 \quad (1\text{-}22)$$

6.4 第二数据块

第二数据块包含第 2 子帧和第 3 子帧，其内容表示 GPS 卫星的星历，这些数据为用户提供了有关计算卫星运动位置的信息。描述卫星的运行及其轨道的参数包括下列三类(见图 1-20)。

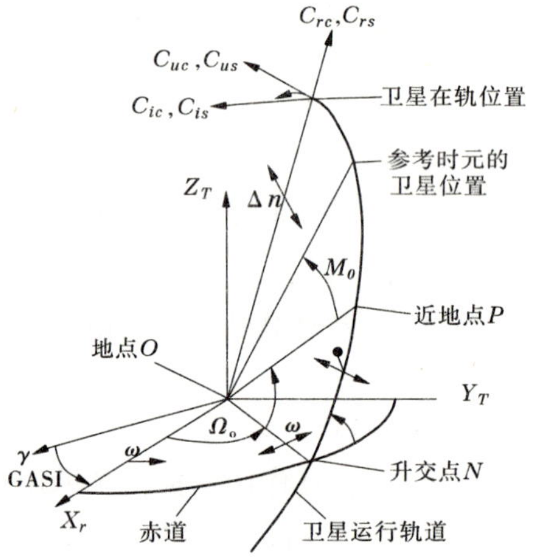

图 1-20 卫星轨道参数

6.4.1 开普勒六参数

这 6 个参数为：$\sqrt{a}, e, i_0, \Omega_0, \omega, M_0$。

6.4.2 轨道摄动九参数

这 9 个参数为：$\Delta n, \dot{\Omega}, \dot{I}, C_{uc}, C_{us}, C_{rc}, C_{rs}, C_{ic}, C_{is}$。

6.4.3 时间二参数

(1)从星期日子夜零点开始度量的星历参考时刻 t_{oe}。

(2)星历表的数据龄期 $AODE$，有

$$AODE = t_{oe} - t_1 \quad (1\text{-}23)$$

式中：t_1 为作预报星历测量的最后观测时间，因此 $AODE$ 就是预报星历的外推时间长度。

6.5 第三数据块

第三数据块包括第 4 和第 5 两个子帧，其内容包括了所有 GPS 卫星的历书数据。当接收机捕获到某颗 GPS 卫星后，根据第三数据块提供的其他卫星的概略星历、时钟改正、卫星工作状态等数据，用户可以选择工作正常和位置适当的卫星，并且较快地捕获到所选择的卫星。

6.5.1 第4子帧

(1)第2、3、4、5、7、8、9、10页面提供第25~32颗卫星的历书。

(2)第17页面提供专用电文,第18页面给出电离层改正模型参数和UTC数据。

(3)第25页面提供所有卫星的型号、防电子对抗特征符和第25~32颗卫星的健康状况。

(4)第1、6、11、12、16、19、20、21、22、23、24页作备用,第13、14、15页为空闲页。

6.5.2 第5子帧

(1)第1~24页面给出第1~24颗卫星的历书。

(2)第25页面给出第1~24颗卫星的健康状况和星期编号。

在第三数据块中,第4子帧和第5子帧的每个页面的第3字码,其开始的8个比特是识别字符,且分成两种形式:①第1比特和第2比特为电文识别(DATAID);②第3~8比特为卫星识别(SVID)。

7 GPS卫星信号

7.1 概述

GPS卫星信号是GPS卫星向广大用户发送的用于导航定位的调制波,它包含有载波、测距码和数据码。时钟基本频率为10.23 MHz。GPS信号的产生如图1-21所示。

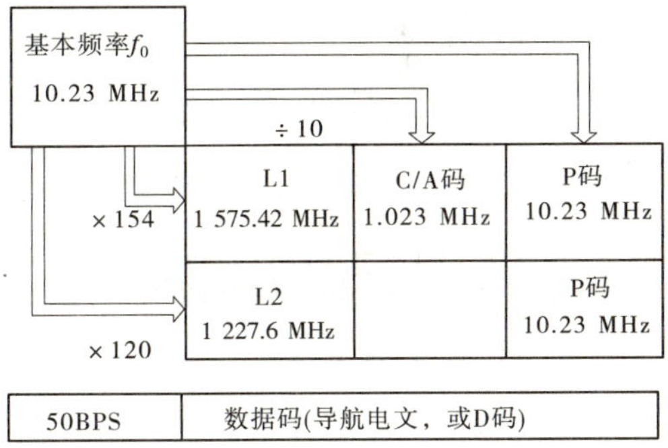

图1-21 GPS信号的产生

GPS信号是GPS卫星向广大用户发送的用于导航定位的已调波,其载波处于L(22 cm)波段,其调制波是卫星电文和伪随机噪声码的组合码。GPS卫星向广大用户发送的导航电文称为数据码,其码的码率$f=50$ Hz。怎样才能有效将低码率的导航电文发送给用户,这是关系到GPS系统成败与否的大问题。一种有效的发送方法是:用低码率的数据码作二级调制(扩频)。第一级,用50 Hz的D码调制一个伪噪声码,如调制一个被叫作P码的伪噪声码,后者的码率高达10.23 MHz。D码调制P码的结果是形成一个组合码,致使D码信号的频带宽度从50 Hz扩展到了10.23 MHz,也就是说,GPS卫星原拟发送50 bit/s的D码,转变为发送10.23 Mbit/s的组合码$P(t)D(t)$。

在D码调制伪噪声码以后,再用它们的组合码去调制L波段的载波,实现D码的第二级调制,从而形成向用户发送的已调波。每颗GPS卫星向用户发送两种已调波。为了叙述方便,分别将两者称为第一和第二GPS卫星射电信号,总称为GPS信号。

7.1.1　两种载波

在无线电通信技术中，为了有效地传播信息，都是将频率较低的信号加载在频率较高的载波上，此过程称为调制。然后载波携带着有用信号传送出去，到达用户接收机。GPS使用两种载波：

L1 载波：$f_{L1}=154\times f_0=1\ 575.42$ MHz，波长 $\lambda_1=19.032$ cm；

L2 载波：$f_{L2}=120\times f_0=1\ 227.6$ MHz，波长 $\lambda_2=24.42$ cm。

选择这两个载频，目的在于测量出或消除掉电离层引起的延迟误差。

7.1.2　测距码

GPS 卫星的测距码是用调相技术调制到载波上的。调制码幅值只取 0 或 1。当码值取 0 时，对应的码状态取为 -1，那么载波和相应的码状态相乘后便实现了载波的调制。这时，当载波和相应的码状态 +1 相乘时，其相位不变，而当与码状态 -1 相乘时，其相位改变 180°。所以，当码值从 0 变为 1 或从 1 变为 0 时，都将使载波相位改变 180°。这时的载波信号实现了调制码的相位调制（见图 1-22）。

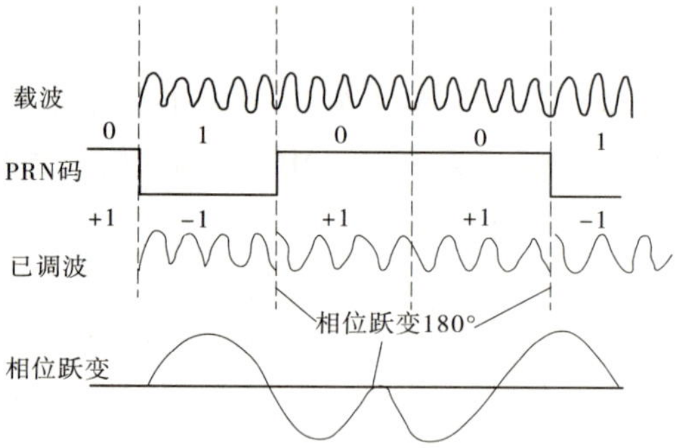

图 1-22　伪噪声码的相位调制

7.1.3　数据码

数据码即为导航电文。

根据这一原理，GPS 中的三种信号进行合成，然后向全球发射，形成今天随时都可以接收到的 GPS 信号。

卫星发射的所有信号分量都是由同一基本频率 f_0（A 点）产生的，其中包括：载波 L1（B 点），L2（C 点），粗测距码 C/A（D 点），精测距码（F 点）和数据码（G 点）。经卫星发射天线（H 点）发射出去。发射的信号分量包括：L1 - C/A（J 点），L1 - P 信号（K 点），L2 - P 信号（L 点）。

7.2　伪随机噪声码

伪随机噪声码又叫伪随机码或伪噪声码，简称 PRN，是一个具有一定周期的取值 0 和 1 的离散符号串。它不仅具有高斯噪声所有的良好的自相关特征，而且具有某种确定的编码规则。

7.3 C/A 码

7.3.1 产生方式

C/A 码是伪随机噪声码中的一种,用于粗测距和捕获 GPS 卫星信号的伪随机码。C/A码构成见图 1-23。它是由两个 10 级反馈移位寄存器构成的 G 码产生的。两个移位寄存器于每星期六/日子夜零时,在置"1"脉冲作用下全处于 1 状态,同时在码率 1.023 MHz 驱动下,序列 $G_1(t)$ 和 $G_2(t)$。$G_2(t)$序列经过相位选择器,输入一个与 $G_2(t)$平移等价的 m 序列,然后与 $G_1(t)$模 2 相加,便得到 C/A 码

$$C/A(t) = G_1(t)G_2(t + it_0) \tag{1-24}$$

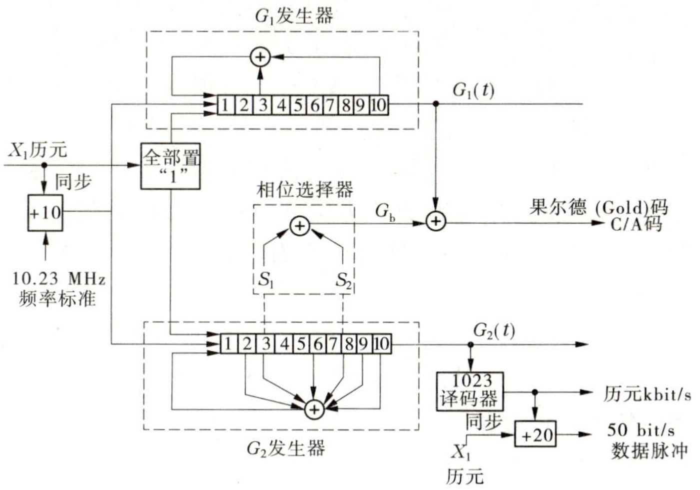

图 1-23 C/A 码构成示意图

7.3.2 C/A 码特点

从这些 $G(t)$码中选择 32 个码以 PRN1…PRN32 命名各种 GPS 卫星。由于 C/A 码长很短,易于捕获,所以 C/A 码除作为粗测码外,还作为 GPS 卫星信号的捕获码,并由此过渡到捕获 P 码。

7.3.3 C/A 码精度

C/A 码的码元宽度较大。假设两个序列的码元对齐误差为码宽的 1/10 ~ 1/100,则时进相应的测距误差为 29.3 ~ 2.93 m。现代科学技术的发展,使得测距分辨率大大提高。一般最简单的导航接收机的伪距测量分辨率达到 0.1 m。

7.4 P 码

7.4.1 产生方式

P 码是卫星的精测码,码率为 10.23 MHz。它是由两个伪随机码 PN1(t)和 PN2(t)的乘积得到的。

PN1(t)是由两级 12 位移位寄存器构成的。两个移位寄存器分别采用反馈点八进制编码 14501 和 17147 形成周期为 1.5 s 的 m 序列 PN1(t)。

PN2(t)由另外两级 12 位移寄存器构成分别采用反馈点八进制编码 17673 和 11435 形成两个 m 序列。

相应的周期为：$T_p=\frac{N}{f_p}\approx 267$ 天 ≈ 38 星期，在实际应用中，P 码采用 7 天的周期，即在 $P(t)=PN1(t)\cdot PN2(t+it_0)$ 中截取段周期为 7 天的 P 码，并规定每星期六午夜零点使 P 码置全“1”状态作为起始点。

7.4.2 P 码精度

P 码周期约为 267 天。因此，实际上 P 码周期被分为 38 部分（每一部分周期为 7 天，码长约为 6.19×10^{12} bit），其中有 1 部分闲置，5 部分给地面监控站使用，32 部分分配给不同的卫星。这样，每颗卫星所使用的 P 码不同部分，便都具有相同的码长和周期，但结构不同。因为 P 码的码长约为 6.19×10^{12} bit，所以如果仍采用搜索 C/A 码的办法来捕获 P 码，即逐个码元依次进行搜索，当搜索的速度仍为每秒 50 码元时，那将是无法实现的（约需 14×10^5 天）。因此，一般都是先捕获 C/A 码，然后根据导航电文中给出的有关信息（即 Z 计数，获得观测时刻在 P 码中的位置），便可容易地捕获 P 码。

另外，由于 P 码的码元宽度为 C/A 码的 1/10，这时若取码元的对齐精度仍为码元宽度的 1/10 ~ 1/100，则由此引起的相应距离误差为 2.93 ~ 0.29 m，仅为 C/A 码的 1/10。所以，P 码可用于较精密的导航和定位，故通常也称为精码。

7.4.3 P 码特点

根据美国国际部规定，P 码是专为军用的。目前，只有极少数高档测地型接收机才能接收 P 码。

7.5 美国对 GPS 用户的限制性政策

由于 GPS 定位技术与美国的国防现代化发展密切相关，因而美国从自身的安全利益出发，限制非特许用户利用 GPS 定位精度。GPS 系统除在设计方面采取了许多保密性措施外，还对 GPS 用户实施 SA 与 A - S 限制性政策，具体做法如下。

7.5.1 对不同的 GPS 用户提供不同的服务方式

GPS 系统在信号设计方面就区分了两种精度不同的定位服务方式，即标准定位服务方式（SPS）和精密定位服务方式（PPS）。

标准定位服务方式（SPS）通过美国军方已经公开的卫星识别码（C/A 码）解调广播星历的导航电文进行定位测量，其单点定位精度为 20 ~ 40 m。

精密定位服务方式（PPS）是供美国军方或者美国同盟国的特许用户使用的，其单点定位精度为 2 ~ 4 m。使用这种服务方式一定要事先知道加密码（W 码）和精码（P 码）的编码结构。否则便无法解调锁定 P 码进而解读精密星历，实施精密测距。因此，W 码与 P 码对于非特许用户是绝对保密的。

7.5.2 选择性可用（SA）

对 SPS 服务实施干扰：为了进一步降低标准定位服务方式（SPS）的定位精度，以保障美国政府的利益与安全，对标准定位服务的卫星信号实施 δ 技术和 ε 技术的人为干扰。

δ 技术——将钟频信号加入高频抖动使 C/A 码波长不稳定。

ε 技术——将广播星历的卫星轨道参数加入人为误差，降低定位精度。

在 SA 政策的影响下，SPS 服务的垂直定位精度降为 ±150 m，水平定位精度降为 ±100 m。科学家利用 GPS 差分技术，可以明显削弱 SA 政策导致的系统性误差的影响。

但对于使用精密定位服务(PPS)的特许用户,则可以通过密匙自动消除SA影响。

SA政策于1991年7月1日实施,因为影响美国商业利益,于2000年5月2日取消SA政策。

7.5.3 反电子欺骗技术(A-S)

对P码实施加密:尽管P码的码长是一个非常惊人的天文数字(码长为2.35×10^{14} bit),至今无法破译,但是美国军方还是担心一旦P码被破译,在战时敌方会利用P码调制一个错误的导航信息,诱骗特许用户的GPS接收机错锁信号——导致错误导航。为了防止这种电子欺骗,美国军方将在必要时引入机密码(W码),并通过P码与W码的模二相加转换为Y码,即对P码实施加密保护

$$PW = Y \tag{1-25}$$

由于W码对非特许用户是严格保密的,所以非特许用户将无法应用破密的P码进行精密定位和实施上述电子欺骗。

学习情境 2 GPS 定位基本原理

学习单元 2.1 GPS 定位概述

【学习目标】

通过本单元知识的学习,使学生能够了解 GPS 定位的观测量,掌握 GPS 定位基本原理。理解伪距测量方法,了解载波相位测量。

【学习任务】

1. 掌握 GPS 定位的分类。
2. 理解伪距测量方法。
3. 理解载波相位测量。
4. 理解整周未知数 N_0 的概念及确定。

1 概述

GPS 卫星定位基本原理:卫星不间断地发送自身的星历参数和时间信息,用户接收到这些信息后,经过计算求出接收机的三维位置、三维方向以及运动速度和时间信息。实际上是将卫星作为动态空间已知点,利用距离交会的原理确定接收机的三维位置。

1.1 GPS 定位各种常用的观测量

(1)L1 载波相位观测值。

(2)L2 载波相位观测值。

(3)调制在 L1 上的 C/A - code 伪距。

(4)调制在 L2 上的 P - code 伪距。

(5)Dopple 观测值。

1.2 GPS 定位的分类

(1)按定位方式,GPS 定位分为单点定位和相对定位(差分定位)。

单点定位就是根据一台接收机的观测数据来确定接收机位置的方式,它只能采用伪距观测量,可用于车船等的概略导航定位。

相对定位(差分定位)是根据两台以上接收机的观测数据来确定观测点之间的相对位置的方法,它既可采用伪距观测量,也可采用相位观测量,大地测量或工程测量均应采用相位观测值进行相对定位。

(2)按接收机的运动状态,GPS 定位可分为动态定位、静态定位。

在定位观测时,若接收机相对于地球表面运动,则称为动态定位。

在定位观测时,若接收机相对于地球表面静止,则称为静态定位。

2　伪距测量

伪距定义:GPS接收机对测距码的量测就可得到卫星到接收机的距离,由于含有接收机卫星钟的误差及大气传播误差,故称为伪距。

对C/A码测得的伪距称为C/A码伪距,精度约为20 m,对P码测得的伪距称为P码伪距,精度约为2 m。

2.1　伪距测量

伪距测量的基本方法:①接收机至卫星的距离借助于卫星发射的码信号量测并计算得到;②接收机本身按同一公式复制码信号;③比较本机码信号及到达的码信号,确定传播延迟的时间Δt;④延迟时间乘以光速就是距离观测值,即$D = C\Delta t$。

(1)为什么要用码相关法来测定伪距?

利用码相关技术在自相关系数$R(\tau') = \max$的情况下来确定信号的传播时间,实际上就是根据参加比对的n个码来共同确定传播时间。自相关系数最大就意味着从总体上讲这两组测距码已对得尽可能的齐了。在这种情况下测定的传播时间,从某种意义上讲就是用n个标志测定的信号传播时间的平均值。这样可以大幅度地消除各种随机误差的影响,从而大大提高测定精度。码相关法见图2-1。

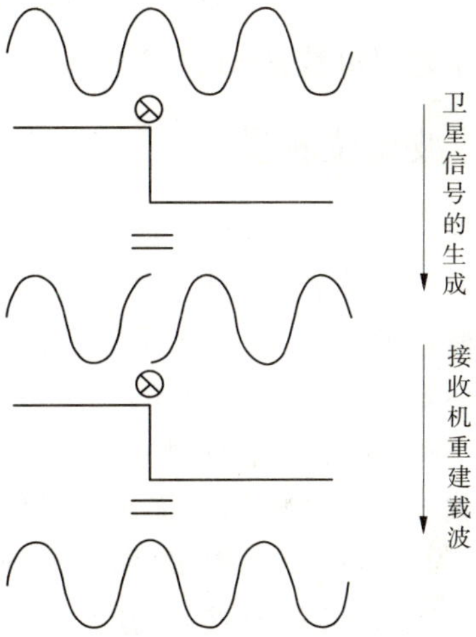

图2-1　码相关法

(2)自相关系数的测定方法。

测定自相关系数$R(\tau')$的工作由接收机锁相环路中的相关器和积分器来完成。自相关系数$R(\tau')$可以用下式来表示

$$R(\tau') = \frac{1}{T}\int_{T}\alpha(t-\tau)\alpha(t+\Delta t-\tau')\,\mathrm{d}t \tag{2-1}$$

其测量原理如图2-2所示。

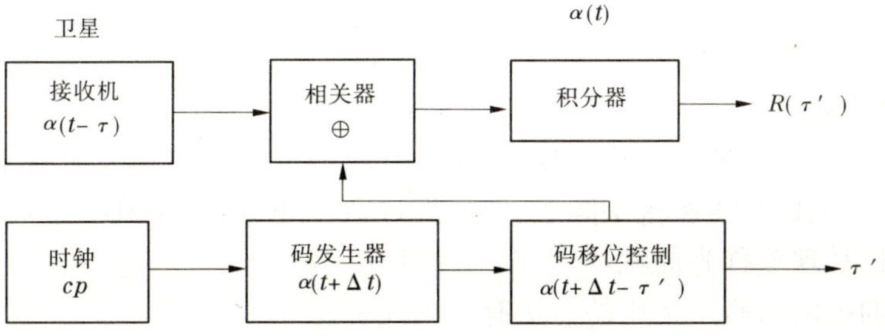

图2-2　自相关系统法

2.2 伪距定位观测方程

伪距定位基本观测方程

$$\rho'_j = \rho + C\Delta t \tag{2-2}$$

考虑电离层、对流层、钟差影响，有

$$\rho = \rho' + \delta\rho_1 + \delta\rho_2 + c\delta t_k - c\delta t^j \tag{2-3}$$

式中：$\delta\rho_1$ 为电离层改正项；$c\delta t_k$ 为接收机钟差；$\delta\rho_2$ 为对流层改正项；$c\delta t^j$ 为卫星钟差。

卫星与接收机之间的几何距离 ρ 为

$$\rho^2 = (X_s - X)^2 + (Y_s - Y)^2 + (Z_s - Z)^2 \tag{2-4}$$

式中：(X,Y,Z) 为接收机坐标；(X_s,Y_s,Z_s) 为卫星坐标。

如果将接收机钟差也作为未知数，则连同接收机坐标共有四个未知数，则伪距定位的观测方程为

$$[(X_s^j - X)^2 + (Y_s^j - Y)^2 + (Z_s^j - Z)^2]^{1/2} - c\delta t_k = \rho'^j + \delta\rho_1^j + \delta\rho_2^j - c\delta_t^j \tag{2-5}$$

式中：j 为卫星数，$j=1,2,3,\cdots$。

3 载波相位测量

载波相位观测值：载波相位应被称为载波拍频相位，它是收到的受多普勒频移影响的卫星信号载波相位与接收机本机振荡产生信号相位之差。

整周模糊度：可记录下相位的变化值，但开始观测时的接收机和卫星振荡器的相位初值是不知道的，起始历元的相位整数也是不知道的，即整周模糊度。

3.1 载波相位测量原理

载波信号量测精度优于波长的1/100，载波波长（$L1=19$ cm，$L2=24$ cm）比C/A码波长（C/A =293 m）短得多，所以GPS测量采用载波相位观测值可以获得比伪距（C/A码或P码）定位高得多的成果精度。

3.2 载波相位测量的观测方程

载波相位基本观测方程

$$\Phi_k^j(t_0) = \Delta\varphi_0 + N_0^J \quad \text{（初始相位观测值）}$$

$$\Phi_k^j(t_i) = \varphi_k^j(t_i) - \varphi_k^j(t_i) + N_0^J + \mathrm{Int}(\varphi) \qquad \text{（}t_i\text{ 时刻相位观测值）}$$

考虑电离层、对流层、钟差影响，有

$$\Phi_k^j(t_i) = \frac{f}{c}\rho_k^j(t_i) + f\delta_{tj} - f\delta_{tk} - \frac{f}{c}\delta\rho_1 - \frac{f}{c}\delta\rho_2 + N_k^j \tag{2-6}$$

3.3 整周跳变修复

整周跳变：卫星信号被障碍物挡住而暂时中断，或受无线电信号干扰造成失锁，计数器无法连续计数，当信号重新被跟踪后，使整周计数不正确，但不到一整周的相位观测值仍是正确的。这种现象称为周跳。

整周跳变的探测与修复常用的方法有下列几种。

3.3.1 屏幕扫描法

屏幕扫描法是由作业人员在计算机屏幕前依次对每个站、每个时段、每个卫星的相位观测值变化率的图像进行逐段检查，观测其变化率是否连续。如果出现不规则的突然变

化，就说明在相应的相位观测中出现了整周跳变现象。然后用手工编辑的方法逐点、逐段修复。

3.3.2 用高次差或多项式拟合法

用高次差或多项式拟合法是根据周跳现象会破坏载波相位测量的观测值 $\mathrm{Int}(\varphi)+\Delta\varphi$ 随时间而有规律变化的特性来探测的。整周计数每秒钟可变化数千周，那么对于几十周的跳变就不易发现。但如果在相邻的两个观测值间依次求差而求得观测值的一次差的话，这些一次差的变化就要小得多。在一次差的基础上再求二次差、三次差、四次差、五次差时，其变化就小得更多了。此时就能发现有周跳现象的时段来。四次差、五次差已趋近于零。由于振荡器的随机误差而给相邻的 L1 载波相位造成的影响为 2.4 周，所以用求差的方法一般难以探测出只有几周的小周跳。

通常也采用曲线拟合的方法进行计算。根据几个相位测量观测值拟合一个 n 阶多项式，据此多项式来预估下一个观测值并与实测值比较，从而来发现周跳并修正整周计数。

3.3.3 在卫星间求差法

在 GPS 测量中，每一瞬间要对多颗卫星进行观测，因而在每颗卫星的载波相位测量观测值中，所受到的接收机振荡器的随机误差的影响是相同的。在卫星间求差后即可消除此项误差的影响。

3.3.4 根据平差后的残差发现和修复周跳

经过上述处理的观测值中还可能存在一些未被发现的小周跳。修复后的观测值中也可能引入 1 ~2 周的偏差。用这些观测值来进行平差计算，求得各观测值的残差。由于载波相位测量的精度很高，因而这些残差的数值一般很小。有周跳的观测值上则会出现很大的残差，据此可以发现和修复周跳。

3.3.5 用双频观测值修复周跳

采用双频载波相位观测值的组合，并考虑电离层折射改正有

$$\Delta\Phi = \Phi_1 - \frac{f_1}{f_2}\Phi_2 = N_1 - \frac{f_1}{f_2}N_2 - \frac{A}{cf_1} + \frac{A}{cf_2^2/f_1} \tag{2-7}$$

由于组合后右边只剩下整周数之差和电离层折射的残差项，且电离层折射的残差项很小，故可用 $\Delta\Phi$ 来探测周跳。此法又称电离层残差法。

3.4 整周未知数 N_0 的确定

确定整周未知数 N_0 是载波相位测量的一项重要工作。常用的方法有下列几种。

3.4.1 伪距法

伪距法是在进行载波相位测量的同时又进行了伪距测量，将伪距观测值减去载波相位测量的实际观测值（化为以距离为单位）后即可得到 λN_0。但由于伪距测量的精度较低，所以要有较多的 λN_0 取平均值后才能获得正确的整波段数。

3.4.2 将整周未知数当作平差中的待定参数——经典方法

把整周未知数当作平差计算中的待定参数来加以估计和确定有两种方法。

3.4.2.1 整数解

整周未知数从理论上讲应该是一个整数，利用这一特性能提高解的精度。短基线定位时一般采用这种方法。具体步骤为：首先根据卫星位置和修复周跳后的相位观测值进

行平差计算，求得基线向量和整周未知数。由于各种误差的影响，解得的整周未知数往往不是一个整数，称为实数解。其次将其固定为整数（通常采用四舍五入法），并重新进行平差计算。在计算中整周未知数采用整周值并视为已知数，以求得基线向量的最后解。

3.4.2.2　实数解

当基线较长时，误差的相关性将降低，许多误差消除得不够完善。所以，无论是基线向量还是整周未知数，均无法估计得很准确。在这种情况下，再将未知数固定为某一整数往往无实际意义，所以通常将实数解作为最后解。

采用经典方法解算整周未知数时，为了能正确求得这些参数，往往需要一个小时甚至更长的观测时间，从而影响了作业效率，所以只有在高精度定位领域中才应用。

3.4.3　多普勒法（三差法）

由于连续跟踪的所有载波相位测量观测值中均含有相同的整周未知数 N_0，所以将相邻两个观测历元的载波相位相减，就将该未知参数消去，从而直接解出坐标参数，这就是多普勒法。但两个历元之间的载波相位观测值之差受到此期间接收机钟及卫星钟的随机误差的影响，所以精度不高，往往用来解算未知参数的初始值。三差法可以消除许多误差，所以使用较广泛。

3.4.4　快速确定整周未知数法

1990 年，E. Frei 和 G. Beutler 提出了利用快速模糊度（即整周未知数）解算法进行快速定位的方法。采用这种方法进行短基线定位时，利用双频接收机只需观测一分钟便能成功地确定整周未知数。

学习单元 2.2　GPS 绝对定位与相对定位

【学习目标】

通过本单元知识的学习，理解静态绝对定位的方式，掌握静态相对定位方法。

【学习任务】

1. 掌握 GPS 定位分类。
2. 理解伪距观测方程的线性化。
3. 理解静态绝对定位。
4. 掌握静态相对定位。

根据定位的模式，GPS 定位可分为以下两种：

（1）绝对定位。绝对定位又称为单点定位，这是一种采用一台接收机进行定位的模式，它所确定的是接收机天线的绝对坐标。这种定位模式的特点是作业方式简单，可以单机作业。绝对定位一般用于导航和精度要求不高的应用中。

（2）相对定位。相对定位又称为差分定位，这种定位模式采用两台以上的接收机，同时对一组相同的卫星进行观测，以确定接收机天线间的相互位置关系。

1 静态绝对定位

1.1 伪距观测方程的线性化

将任一个历元的卫星 j 至测站 k 的伪距观测方程展开成泰勒级数取一次项即可。$(X_0,Y_0,Z_0)^{\mathrm{T}}$，$(\delta_x,\delta_y,\delta_z)^{\mathrm{T}}$ 分别为测站坐标的近似值与改正数，δ_{tk} 为接收机钟差，令

$$\left.\begin{aligned}(\mathrm{d}\rho/\mathrm{d}x)_{x0} &= (X_s^j - X_0)/\rho_0^j = l^j\\(\mathrm{d}\rho/\mathrm{d}y)_{y0} &= (Y_s^j - Y_0)/\rho_0^j = m^j\\(\mathrm{d}\rho/\mathrm{d}z)_{z0} &= (Z_s^j - Z_0)/\rho_0^j = n^j\end{aligned}\right\}\tag{2-8}$$

式中：$\rho_0^j=[(X_s^j-X_0)^2+(Y_s^j-Y_0)^2+(Z_s^j-Z_0)^2]^{1/2}$，则伪距观测方程的线性化形式为

$$\rho_0^j-(l^j\ m^j\ n_j)\begin{bmatrix}\delta_x\\\delta_y\\\delta_z\end{bmatrix}-c\delta_{tk}=\rho'^j+\delta\rho_1^j+\delta\rho_2^j-c\delta t^j\tag{2-9}$$

1.2 伪距法绝对定位的解算

对任一历元同步观测的4颗卫星 $j=1,2,3,4$，令 $c\delta_{tk}=\delta\rho$，则方程组形式如下

$$\begin{bmatrix}\rho_0^1\\\rho_0^2\\\rho_0^3\\\rho_0^4\end{bmatrix}-\begin{bmatrix}l^1 & m^1 & n^1 & -1\\l^2 & m^2 & n^2 & -1\\l^3 & m^3 & n^3 & -1\\l^4 & m^4 & n^4 & -1\end{bmatrix}\begin{bmatrix}\delta_x\\\delta_y\\\delta_z\\\delta_\rho\end{bmatrix}=\begin{bmatrix}\rho^{t_1}+\delta\rho_1^1+\delta\rho_2^1-c\delta t^1\\\rho^{t_2}+\delta\rho_1^2+\delta\rho_2^2-c\delta t^2\\\rho^{t_3}+\delta\rho_1^3+\delta\rho_2^3-c\delta t^3\\\rho^{t_4}+\delta\rho_1^4+\delta\rho_2^4-c\delta t^4\end{bmatrix}\tag{2-10}$$

令

$$\boldsymbol{A}_i=\begin{bmatrix}l^1 & m^1 & n^1 & -1\\l^2 & m^2 & n^2 & -1\\l^3 & m^3 & n^3 & -1\\l^4 & m^4 & n^4 & -1\end{bmatrix},\delta\boldsymbol{X}=(\delta_x\quad\delta_y\quad\delta_z)^{\mathrm{T}},\boldsymbol{L}^j=\rho^{\prime j}+\delta\rho_1^j+\delta\rho_2^j+c\delta t_j-\rho_0^j,\boldsymbol{L}_i=(L_1\quad L_2\quad L_3\quad L_4)^{\mathrm{T}}$$

则式(2-10)可简写为

$$\boldsymbol{A}_i\delta\boldsymbol{X}+\boldsymbol{L}_j=0\tag{2-11}$$

当同步观测的卫星数多于4颗时，则可组成误差方程式

$$\boldsymbol{V}_i=\boldsymbol{A}_i\delta\boldsymbol{X}+\boldsymbol{L}_i\tag{2-12}$$

按最小二乘法解算

$$\delta\boldsymbol{X}=-(\boldsymbol{A}_i^{\mathrm{T}}\boldsymbol{A}_i)^{-1}(\boldsymbol{A}_i^{\mathrm{T}}\boldsymbol{L}_i)\tag{2-13}$$

权系数阵

$$\boldsymbol{Q}_x=(\boldsymbol{A}_i^{\mathrm{T}}\boldsymbol{A}_i)^{-1}\tag{2-14}$$

未知数的中误差为

$$M_x=\sigma_0\sqrt{q_{ii}}\tag{2-15}$$

静态定位多个历元的方程组成了一个大的方程组，还是按最小二乘法求解即可，不过要注意接收机钟差随时间的变化如何处理。

1.3 用载波相位观测值进行静态绝对定位

应用载波相位观测值进行静态绝对定位需加入电离层、对流层改正，探测出周跳并修复，并且固定整周未知数，解算的结果高于伪距绝对定位。

1.4 绝对定位精度评定

利用 GPS 进行绝对定位或单点定位时，定位精度主要取决于：

(1)所测卫星在空间的几何分布(通常称为卫星分布的几何图形)。

(2)观测量精度。

1.4.1 绝对定位精度的评价

当以测码伪距为观测量，进行静态绝对定位时，其权系数阵 $\boldsymbol{Q}_x$ 可表示为

$$\boldsymbol{Q}_x = \begin{bmatrix} q_{11} & q_{12} & q_{13} & q_{14} \\ q_{21} & q_{22} & q_{23} & q_{24} \\ q_{31} & q_{32} & q_{33} & q_{34} \\ q_{41} & q_{42} & q_{43} & q_{44} \end{bmatrix} \tag{2-16}$$

其中，元素 q_{ii} 表达了全部解的精度及其相关性信息，是评价定位结果的依据。上述权系数阵一般是在空间直角坐标系中给出的，而实际为了估算观测站的位置精度，常采用其在大地坐标系中的表达式。假设在大地坐标系中的相应点坐标的权系数阵为

$$\boldsymbol{Q}_B = \begin{bmatrix} q_{11}^t & q_{12}^t & q_{13}^t \\ q_{21}^t & q_{22}^t & q_{23}^t \\ q_{31}^t & q_{32}^t & q_{33}^t \end{bmatrix} \tag{2-17}$$

根据方差与协方差传播定律

$$\boldsymbol{Q}_B = \boldsymbol{R}\boldsymbol{Q}'_x\boldsymbol{R}^{\mathrm{T}} \tag{2-18}$$

式中：$\boldsymbol{R} = \begin{bmatrix} -\sin B\cos L & -\sin B\sin L & \cos B \\ -\sin L & \cos L & 0 \\ \cos B\cos L & \cos B\sin L & \sin B \end{bmatrix}$，$\boldsymbol{Q}'_x = \begin{bmatrix} q_{11} & q_{12} & q_{13} \\ q_{21} & q_{22} & q_{23} \\ q_{31} & q_{32} & q_{33} \end{bmatrix}$。

为了评价定位结果，在导航学中，一般采用有关精度因子 *DOP*(Dilution Of Precision)的概念，其定义：$M_x = DOP \cdot \sigma_0$，*DOP* 是权系数阵主对角线元素的函数，σ_0 为等效距离测量中误差。在实践中，根据不同要求，可选用不同的精度评价模型和相应的精度因子，通常有：

(1)平面位置精度因子 *HDOP*(Horizontal DOP)及其相应的平面位置精度

$$HDOP = \sqrt{q_{11} + q_{22}}$$
$$M_H = HDOP \cdot \sigma_0 \tag{2-19}$$

(2)高程精度因子 *VDOP*(Vertical DOP)及其相应的高程精度为

$$VDOP = \sqrt{q_{33}}$$
$$M_V = VDOP \cdot \sigma_0 \tag{2-20}$$

(3)空间位置精度因子 *PDOP*(Position DOP)及其相应的三维定位精度

$$PDOP = \sqrt{q_{11} + q_{22} + q_{33}}$$

$$M_T = PDOP \cdot \sigma_0 \tag{2-21}$$

(4)接收机钟差精度因子 *TDOP*(Time DOP)及其钟差精度

$$TDOP = \sqrt{q_{44}}$$
$$M_T = TDOP \cdot \sigma_0 \tag{2-22}$$

(5)几何精度因子 *GDOP*(Geometric DOP),描述空间位置误差和时间误差综合影响的精度因子,相应的中误差

$$GDOP = \sqrt{q_{11} + q_{22} + q_{33} + q_{44}} = \sqrt{(PDOP)^2 + (TDOP)^2}$$
$$M_G = GDOP \cdot \sigma_0 \tag{2-23}$$

1.4.2 卫星分布的几何图形对精度因子的影响

GPS 绝对定位的误差与精度因子 *DOP* 的大小成正比,在伪距观测精度 σ_0 确定的情况下,如何使精度因子的数值尽可能减小,是提高定位精度的一个重要途径。

由于精度因子与所测卫星的空间分布有关,因此精度因子也称观测卫星的图形强度因子。由于卫星的运动以及观测卫星的选择不同,所测卫星在空间分布的几何图形是变化的,导致精度因子的数值也是变化的。

假设观测站与4颗观测卫星所构成的六面体体积为 V,研究表明,精度因子 *GDOP* 与该六面体体积的倒数成正比,即 $GDOP \propto 1/V$。实际工作中选择和评价观测卫星分布图形:1颗卫星处于天顶,其余3颗卫星相距120°时,所构成的六面体体积接近最大。

2 静态相对定位

静态相对定位:接收机安置在基线端点的接收机固定不动,通过连续观测,取得充分的多余观测数据,改善定位精度。

静态相对定位一般均采用载波相位观测值(或测相伪距)为基本观测量,对中等长度的基线(100~500 km),相对定位精度可达 $10^{-6} \sim 10^{-7}$ 甚至更高。

2.1 观测量的线性组合

假设安置在基线两端点的接收机1、2,在历元 t_i 和 t_{i+1} 对 GPS 卫星 k 和 j 进行了同步观测,可以得到如下的载波相位观测量:$\Phi_1^k(t_i)$ 和 $\Phi_2^k(t_i)$,$\Phi_1^j(t_{i+1})$ 和 $\Phi_2^j(t_{i+1})$。

目前普遍采用的差分组合形式有三种。

2.1.1 单差(Single Difference——SD)

在不同观测站,同步观测相同卫星所得观测量之差为单差。表达式为

$$SD_{12}^k(t_i) = \Phi_2^k(t_i) - \Phi_1^k(t_i)$$
$$SD_{12}^j(t_i) = \Phi_2^j(t_i) - \Phi_1^j(t_i) \tag{2-24}$$

对于 t_{i+1} 历元,可列出类似的单差观测值。

2.1.2 双差(Double Difference——DD)

在不同观测站,同步观测同一组卫星,所得单差之差为双差。表达式为

$$DD_{12}^{kj}(t_i) = SD_{12}^j(t_i) - SD_{12}^k(t_i) = \Phi_2^j(t_i) - \Phi_1^j(t_i) - \Phi_2^k(t_i) + \Phi_1^k(t_i) \tag{2-25}$$

对于 t_{i+1} 历元,可列出类似的双差观测值。

2.1.3 三差(Triple - Difference——TD)

对于不同历元,同步观测同一组卫星,所得观测量的双差之差为三差。表达式为

$$TD_{12}^{kj}(t_i,t_{i+1}) = DD_{12}^{kj}(t_{i+1}) - DD_{12}^{kj}(t_i) \tag{2-26}$$

载波相位原始观测量的不同线性组合，都可作为相对定位的相关观测量。

优点：

（1）消除或减弱一些具有系统性误差的影响，如卫星轨道误差、钟差和大气折射误差等。

（2）减少平差计算中未知数的个数。

缺点：

（1）原始独立观测量通过求差将引起差分量之间的相关性。

（2）平差计算中，差分法将使观测方程数明显减少。

（3）在一个时间段的观测中，为了组成观测量的差分，通常应选择一个参考观测站和一颗参考卫星。如果某一历元，对参考站或参考卫星的观测量无法采用，将使观测量的差分产生困难。参加观测的接收机数量越多，情况越复杂，此时将不可避免地损失一些观测数据。因此，应用原始观测量的非差分模型，进行高精度定位研究，也日益受到重视。

讨论：不同的差分模型分别消除了哪些误差？

2.2　观测方程的线性化及平差模型

首先将前面所述的载波相位测量的观测方程线性化，设测站 k 的坐标近似值向量为 $\boldsymbol{X}_{k0}=(x_{k0}\quad y_{k0}\quad z_{k0})$，其改正数向量为 $\delta\boldsymbol{X}_k=(\delta x_k\quad \delta y_k\quad \delta z_k)$，则其线性化形式为

$$\rho_k^j = \rho_{k0}^j(t) - [l_k^j(t)m_k^j(t)n_k^j(t)]\begin{bmatrix}\delta x_k\\ \delta y_k\\ \delta z_k\end{bmatrix} \tag{2-27}$$

2.2.1　单差观测方程的误差方程式模型

将式(2-27)代入单差观测值模型，得其相应的误差方程为

$$\Delta v^j(t) = -\frac{f}{c}[l_2^j(t)\ m_2^j(t)\ n_2^j(t)]\begin{bmatrix}\delta x_2\\ \delta y_2\\ \delta z_2\end{bmatrix} + f\Delta t(t) - \Delta N^j + \Delta L^j(t) \tag{2-28}$$

式中：$\Delta L^j = \frac{f}{c}(\rho_{20}^j(t) - \rho_{10}^j(t)) - SD_{12}^j(t)$。

若两观测站同步观测卫星数为 n_j，则误差方程组为：

$$\begin{bmatrix}\Delta v^1(t)\\ \Delta v^2(t)\\ \vdots\\ \Delta v^{n_t}(t)\end{bmatrix} = \frac{f}{c}\begin{bmatrix}l_2^1(t) & m_2^1(t) & n_2^1(t)\\ l_2^2(t) & m_2^2(t) & n_2^2(t)\\ \vdots & \vdots & \vdots\\ l_2^{n_t}(t) & m_2^{n_t}(t) & n_2^{n_t}(t)\end{bmatrix}\begin{bmatrix}\delta x_2\\ \delta y_2\\ \delta z_2\end{bmatrix} + f\begin{bmatrix}1\\ 1\\ \vdots\\ 1\end{bmatrix}\Delta t(t) - \begin{bmatrix}\Delta N_1\\ \Delta N^2\\ \vdots\\ \Delta N^{n_t}\end{bmatrix} + \begin{bmatrix}\Delta L^1(t)\\ \Delta L^2(t)\\ \vdots\\ \Delta L^{n_t}(t)\end{bmatrix} \tag{2-29}$$

若进一步假设同步观测同一组卫星的历元数为 n_t，同理可列出相应的误差方程组。按最小二乘法求解未知参数。

2.2.2　双差观测方程的误差方程式模型

两观测站同步观测卫星和 S_k，并以 S_j 为参考卫星，同理可求得双差观测方程的误差方程式为

$$v^k(t) = -\frac{f}{c}\left[\Delta l_2^k(t) \quad \Delta m_2^k(t) \quad \Delta n_2^k(t)\right]\begin{bmatrix}\delta x_2\\ \delta y_2\\ \delta z_2\end{bmatrix} - \Delta\Delta N^k + \Delta\Delta l^k(t) \tag{2-30}$$

若同步观测卫星数为 n_j，基线两端同步观测同一组卫星的历元数为 n_t，则相应的误差方程组为

$$\begin{gathered}\boldsymbol{V} = (A \quad B)\begin{bmatrix}\delta X_2\\ \Delta\Delta N\end{bmatrix} + \boldsymbol{L}\\ \boldsymbol{A} = [A(t_1) \quad A(t_2) \cdots A(t_{nt})]^{\mathrm{T}}\\ \boldsymbol{B} = [B(t_1) \quad B(t_2) \cdots B(t_{nt})]^{\mathrm{T}}\\ \boldsymbol{L} = [\Delta\Delta L(t_1) \quad \Delta\Delta L(t_2) \cdots \Delta\Delta L(t_{nt})]^{\mathrm{T}}\\ \boldsymbol{V} = [V(t_1) \quad V(t_2) \cdots V(t_{nt})]^{\mathrm{T}}\end{gathered} \tag{2-31}$$

相应的法方程式及其解可表示为

$$\begin{gathered}\boldsymbol{N}\Delta\boldsymbol{X} + \boldsymbol{N} = 0 \quad \Delta\boldsymbol{X} = (\delta x_2 \quad \Delta\Delta N)^{\mathrm{T}}\\ \Delta\boldsymbol{X} = -\boldsymbol{N}^{-1}\boldsymbol{U}\\ \boldsymbol{N} = (\boldsymbol{AB})^{\mathrm{T}}\boldsymbol{P}(\boldsymbol{AB}), \boldsymbol{U} = (\boldsymbol{AB})^{\mathrm{T}}\boldsymbol{PL}\end{gathered} \tag{2-32}$$

学习单元2.3 差分GPS定位

【学习目标】

1. 理解差分GPS的概念。
2. 理解单站GPS的差分。
3. 理解广域差分。

【学习任务】

1. 掌握差分GPS的分类。
2. 理解单站GPS的差分。
3. 掌握载波相位差分的原理。
4. 理解局部区域GPS差分。
5. 广域差分。

差分GPS可分为单站GPS的差分、局部区域GPS差分和广域差分。

1 单站GPS的差分

根据差分GPS基准站发送的信息方式，可将差分GPS定位分为三类，即位置差分、伪距差分和载波相位差分。这三类差分方式的工作原理是相同的，即都是由基准站发送改正数，由用户站接收并对其测量结果进行改正，以获得精确的定位结果。所不同的是，发送改正数的具体内容不一样，其差分定位精度也不同。

1.1 位置差分原理

这是一种最简单的差分方法，任何一种GPS接收机均可改装和组成这种差分系统。

安装在基准站上的 GPS 接收机观测 4 颗卫星后便可进行三维定位，解算出基准站的坐标。由于存在着轨道误差、时钟误差、SA 影响、大气影响、多径效应以及其他误差，解算出的坐标与基准站的已知坐标是不一样的，存在一个差值。基准站利用数据链将此改正数发送出去，由用户站接收，并且对其解算的用户站坐标进行改正。

最后得到的改正后的用户坐标已消去了基准站和用户站的共同误差，例如卫星轨道误差、SA 影响、大气影响等，提高了定位精度。以上先决条件是基准站和用户站观测同一组卫星的情况。位置差分法适用于用户与基准站间距离在 100 km 以内的情况。

1.2 伪距差分原理

伪距差分是目前用途最广的一种技术。几乎所有的商用差分 GPS 接收机均采用这种技术。国际海事无线电委员会推荐的 RTCMSC－104 也采用了这种技术。

在基准站上的接收机求得它至可见卫星的距离，并将此计算出的距离与含有误差的测量值加以比较。利用一个 α－β 滤波器将此差值滤波并求出其偏差。然后将所有卫星的测距误差传输给用户，用户利用此测距误差来改正测量的伪距。最后，用户利用改正后的伪距来解出本身的位置，就可消去公共误差，提高定位精度。

与位置差分相似，伪距差分能将两站公共误差抵消，但随着用户到基准站距离的增加，又出现了系统误差，这种误差用任何差分法都是不能消除的。用户和基准站之间的距离对精度有决定性影响。

1.3 载波相位差分原理

载波相位差分技术又称为 RTK 技术(Real Time Kinematics)，是建立在实时处理两个测站的载波相位基础上的。它能实时提供观测点的三维坐标，并达到厘米级的高精度。

与伪距差分原理相同，由基准站通过数据链实时将其载波观测量及站坐标信息一同传送给用户站。用户站接收 GPS 卫星的载波相位与来自基准站的载波相位，并组成相位差分观测值进行实时处理，能实时给出厘米级的定位结果。

实现载波相位差分 GPS 的方法分为两类：修正法和差分法。前者与伪距差分相同，基准站将载波相位修正量发送给用户站，以改正其载波相位，然后求解坐标。后者将基准站采集的载波相位发送给用户台进行求差解算坐标。前者为准 RTK 技术，后者为真正的 RTK 技术。

2 局部区域 GPS 差分系统

局域差分(LADGPS)是在局部区域内布设一个 GPS 差分网，网内由若干个差分 GPS 基准站组成，通常还包含至少 1 个监控站。处于该局域内的用户可根据多个基准站提供的改正信息，经平差后求得自己的改正数。它的作用距离一般为 200～300 km，如我国沿海建设的信标差分网。

局域差分 GPS 技术通常采用加权平均法或最小方差法对来自多个基准站的改正信息进行平差，求出自己的坐标改正数或距离改正数。

3 广域差分

广域差分(WADGPS)技术的基本思想是对 GPS 观测量的误差源加以区分，并对每一个误差源分别加以"模型化",然后将计算出来的每一个误差源的误差修正值(差分改正值),通过数据通信链传输给用户,对用户 GPS 接收机的观测误差加以改正,以达到削弱这些误差源的影响,改善用户 GPS 定位精度的目的。

广域差分主要模型化以下三类 GPS 定位的误差源:星历误差、大气延时误差、卫星钟差误差。

广域差分 GPS 系统的工作流程:

(1)在已知的多个监测站上,跟踪观测 GPS 卫星的伪距、相位等信息。

(2)监测站将所接收的信息全部传输到中心站。

(3)中心站计算出三项误差改正。

(4)将这些误差改正用数据通信链传输给用户。

(5)用户根据这些误差改正自己观测到的伪距、相位、星历等信息,计算出高精度结果。

广域差分 GPS 系统的特点:

(1)用户的定位精度对空间距离的敏感程度比较小。

(2)投资少,经济效益好。

(3)定位精度较高,且分布均匀。

(4)可扩展性好。

(5)技术复杂,维护费用高,可靠性及安全性稍差。

小　结

1　GPS 接收机与卫星信号

GPS 卫星发送两种信号,第一种较为简单的信号叫 C/A 码,第二种信号叫 P 码(精确)。这两种代码被调制在 L1、L2 两种载波上。

GPS 接收机可以分为导航型和大地型。大地型接收机分为单频型和双频型,单频接收机只接收 L1 载波,双频接收机同时接收 L1 和 L2 两种载波。

美国国防部的四个地面监视站控制着整个 GPS 系统,这四个站中的一个是主控制站,另外三个是信号发射站。监视站持续跟踪卫星的运行,并向主控制站提供卫星运行相关数据。主控制站准确地计算同步卫星上的原子钟,同时监校修正轨道信息,之后把相应的结果发送给发射站。发射站用主控制站提供的信息对每个卫星进行修正。

GPS 用户与军事应用一样,GPS 信号也被用于民用领域,只要有 GPS 接收机就能使用 GPS。起初,GPS 接收机主要被用于定位和导航,如今,GPS 接收机正空前广泛地被用于陆地、海洋、航空等各领域的精确测量。

GPS 定位与相位测量,GPS 定位是通过测定每一个可见卫星的离地距离后用后方交会法实现的,而卫星离地面的距离则通过载波上的 C/A 码或相位来测定。从卫星的信息码发射到被 GPS 天线接收,二者间存在着时间差,对这一时间差的记录,使得测量成为可能,测量出来的时间乘以光速,就可以得出卫星天线到地面的距离。

测量型 GPS 接收机可通过载波相位测出很精确的卫星天线到地面接收机天线的距

离，每一个卫星发射到接收天线上的整波数量加上相位小数，就可测出卫星离地距离（L1和 L2 波长是已知的）。卫星与接收天线之间的载波的整数叫作整周模糊度。对厘米级精度的后处理测量而言，整周数在进行后处理时得出；对厘米级精度的实时测量而言，整周数在初始化时即可得出。

GPS 测量至少需要 2 台 GPS 接收机同时接收 4 颗以上卫星。

基站设在一个已知点上，流动站则设在要测或要放样的点上，这两台接收机上的载波相位数据经过接收机板内嵌软件解算后，得到基站和流动站之间的三维向量。可以用不同的观测技术来测出流动站相对于基站的位置，根据解决方案、时间不同对观测技术进行分类。实时技术在测量期间使用无线电电台把基站的观测信息传给流动站，测量结束，成果也得出。后处理技术则要进行数据存储及在测量结束后，在办公室用基线解算软件处理后才能得出成果。

通常，观测技术的选择取决于诸如接收机规格、精度要求、时间限制，以及是否需要实时成果等众多因素。

2　测量技术

动态及差分技术适合于实时或后处理测量，快速静态技术仅适合于后处理测量。

2.1　动态差分（RTK）

动态测量一般用 5 个或更多卫星到基站和流动站的相位进行测量。为得到厘米级的测量精度，测量前必须进行初始化。

若使用单频接收机，早期准动态需把流动站设在已知点上或用一初始化条建立一条人工已知基线进行测量初始化，现在的单频 RTK 也可以自主初始化，只是相比双频 RTK来讲初始化时间比较长，且容易失锁。

若使用双频机做动态测量（称 RTK），可以大大缩短初始化时间，而且可以在运动中初始化（称 OTF）。

测量中，若接收到的卫星数目减少到 4 颗以下，则当卫星数重新升至 4 颗或更多的时候，需进行重新初始化。

2.2　伪距差分（DGPS）

伪距差分测量技术使用 GPS 代码（C/A 码）测量定位。差分测量不需要初始化或连续跟踪卫星。测量精度只能达到 1 ~ 3 m 级。如果对伪距加入载波相位平滑，则伪距差分可达到亚米级的精度。

2.3　静态和快速静态

静态测量可用作最高精度的测量，但其所需时间根据边长长短要 0.5 ~ 1.5 h。静态和快速静态测量多需要经过后处理才能得到精确的结果。

快速静态是后处理测量的一种方法，可提供厘米级测量精度。使用载波相位量测进行至少 8 min（8 ~ 30 min）的基线测量。所需时间根据接收机的型号、基线长度、有效卫星数及卫星的几何形状而定。

可用单频或双频接收机进行静态和快速静态测量。

2.4 影响RTK作业的因素

RTK作业需要避免一些不利因素的影响,而造成这些影响的主要原因是整个GPS系统的局限性。

GPS依靠的是接收从地面以上约两万多千米的卫星发射来的无线电信号。相对而言,这些信号频率高、功率低,不易穿透可能阻挡卫星和GPS接收机之间视线的障碍物。事实上,存在于GPS接收机和卫星之间路径上的任何物体都会对系统的操作产生不利的影响。有些物体如房屋,会完全屏蔽卫星信号。因此,GPS不能在室内使用。同样原因,GPS也不能在隧道内或水下使用。有些物体如树木会部分阻挡,反射或折射信号。GPS信号的接收在树林茂密的地区会很差。树林中有时会有足够的信号来计算概略位置,但信号清晰度难以达到厘米水平的精确定位。因此,GPS在林区作业也有一定的局限性。但并不意味着GPS只能用于四周相对开阔的地区。GPS测量在部分障碍的地区也可以是有效而精确的。这是因为GPS要实现精确可靠的定位,必需5颗适当分布的卫星,而一般情况下在任何时间,任何地区都可能会有7~10颗GPS卫星。有障碍物的地点只要可以观测到至少5颗卫星,就有可能进行GPS测量。在树林或大楼四周做测量时,只要该地留有足够的开放空间,使GPS系统可观测到至少5颗卫星,GPS测量就能完成。

RTK作业的另一个不利因素来源于RTK传输数据链本身。RTK数据链的工作与周围的电磁环境以及作用距离都有较大的关系。

RTK定位时要求基准站接收机实时地把观测数据(伪观测值,相位观测值)及已知数据传输给流动站接收机,而RTK电台功率为25 W,因此基准站与移动站之间不能有大的障碍物。

考虑到以上因素在基准站架设时应当选择较好的已知点点位,用户注意使观测站位置具有以下条件:

(1)在10°截止高度角以上的空间应没有障碍物。

(2)邻近不应有强电磁辐射源,比如电视发射塔、雷达电视发射天线等,以免对RTK电信号造成干扰,离其距离不得小于200 m。

(3)基准站最好选在地势相对高的地方,以利于电台的作用距离。

(4)地面稳固,易于点的保存。

注:用户如果在树木等对电磁传播影响较大的物体下设站,当接收机工作时,接收的卫星信号将产生畸变。

2.5 GPS在测量工作中的应用

GPS可用于控制测量、地形测量及放样。

2.5.1 控制测量

控制测量一般区域比较大。

2.5.2 地形测量

地形测量用于测定地形的变化。此类测量的成果通常用于成图。

实时测量(尤其是双频RTK)最适合于地形测量。

2.5.3 放样

放样就是把预先设计好的点在实地定位出来。点放样,结果需要实时获取。

RTK是唯一的提供厘米级精度实时解决方案的测量方法。

学习情境 3　GPS 静态观测及数据处理

学习单元 3.1　GPS 静态数据采集

【学习目标】

1. 了解 GPS 静态定位在测量中的应用。
2. 能够编写技术设计书。
3. 能够按照任务、准则进行网形观测设计。
4. 能够进行 GPS 数据解算。
5. 掌握 GPS 高程系统的特殊处理方法。

【学习任务】

1. 了解 GPS 静态定位在测量中的应用。
2. 理解技术设计书的作用,掌握其内容。
3. 掌握 GPS 布网方法。
4. 理解布设 GPS 基线向量网时的设计指标。
5. 理解 GPS 网的设计准则。
6. 掌握进行 GPS 数据解算。
7. 掌握 GPS 基线向量网平差。
8. 掌握 GPS 高程系统的特殊处理方法。

1　GPS 静态定位在测量中的应用

目前,GPS 静态定位在测量中被广泛地用于大地测量、工程测量、地籍测量、物探测量及各种类型的变形监测中,在以上这些应用中,主要还是用于建立各种级别、不同用途的控制网。

1.1　GPS 静态定位在测量中的应用

GPS 静态定位在测量中主要用于测定各种用途的控制点。其中,较为常见的方面是利用 GPS 建立各种类型和等级的控制网,在这些方面,GPS 技术已基本上取代了常规的测量方法,成为了主要手段。较之于常规的方法,GPS 在布设控制网方面具有以下一些特点:

(1)测量精度高。GPS 观测的精度要明显高于一般的常规测量手段,GPS 基线向量的相对精度一般为 $10^{-5} \sim 10^{-9}$,这是普通测量方法很难达到的。

(2)选点灵活、不需要造标、费用低。GPS 测量不要求测站间相互通视,不需要建造觇标,作业成本低,大大降低了布网费用。

(3)全天候作业。在任何时间、任何气候条件下,均可以进行GPS观测,大大方便了测量作业,有利于按时、高效地完成控制网的布设。

(4)观测时间短。采用GPS布设一般等级的控制网时,在每个测站上的观测时间一般为1～2 h,采用快速静态定位的方法,观测时间更短。

(5)观测、处理自动化。采用GPS布设控制网,观测工程和数据处理过程均是高度自动化的。

1.2 布设GPS基线向量网的工作步骤

布设GPS基线向量网主要分测前、测中和测后三个阶段进行。

1.2.1 测前工作

一项GPS测量工程项目,往往是由工程发包方、上级主管部门或其他单位或部门提出的,由GPS测量队伍具体实施。对于一项GPS测量工程项目,一般有如下一些要求:

(1)测区位置及其范围。测区的地理位置、范围,控制网的控制面积。

(2)用途和精度等级。控制网将用于何种目的,其精度要求是多少,要求达到何种等级。

(3)点位分布及点的数量。控制网的点位分布、点的数量及密度要求,是否有对点位分布有特殊要求的区域。

(4)提交成果的内容。用户需要提交哪些成果,所提交的坐标成果分别属于哪些坐标系,所提交的高程成果分别属于哪些高程系统,除提交最终的结果外,是否还需要提交原始数据或中间数据等。

(5)时限要求。对提交成果的时限要求,即何时是提交成果的最后期限。

(6)投资经费。对工程的经费投入数量。

1.2.1.1 技术设计

负责GPS测量的单位在获得测量任务后,需要根据项目要求和相关技术规范进行测量工程的技术设计。

1.2.1.2 测绘资料的收集与整理

在开始进行外业测量之前,现有测绘资料的收集与整理也是一项极其重要的工作。需要收集整理的资料主要包括测区及周边地区可利用的已知点的相关资料(点之记、坐标等)和测区的地形图等。

1.2.1.3 仪器的检验

对将用于测量的各种仪器(包括GPS接收机及相关设备、气象仪器等)进行检验,以确保它们能够正常工作。

1.2.1.4 踏勘、选点埋石

在完成技术设计和测绘资料的收集与整理后,需要根据技术设计的要求对测区进行踏勘,并进行选点埋石工作。

1.2.2 测量实施

(1)实地了解测区情况。由于在很多情况下,选点埋石和测量分别由两个不同的队伍或两批不同的人员完成,因此当负责GPS测量作业的队伍到达测区后,需要先对测区的情况作一个详细的了解。主要需要了解的内容包括点位情况(点的位置、上点的难度

等)、测区内经济发展状况、民风民俗、交通状况、测量人员生活安排等。这些对于今后测量工作的开展是非常重要的。

(2)卫星状况预报。根据测区的地理位置,以及最新的卫星星历,对卫星状况进行预报,作为选择合适观测时间段的依据。所需预报的卫星状况有卫星的可见性、可供观测的卫星星座、随时间变化的 PDOP 值、随时间变化的 RDOP 值等。对于个别有较多或较大障碍物的测站,需要评估障碍物对 GPS 观测可能产生的不良影响。

(3)确定作业方案。根据卫星状况、测量作业的进展情况,以及测区的实际情况,确定出具体的作业方案,以作业指令的形式下达给各个作业小组,根据情况,作业指令可逐天下达,也可一次下达多天的指令。作业方案的内容包括作业小组的分组情况,GPS 观测的时间段及测站等。

(4)外业观测。各 GPS 观测小组在得到作业指挥员下达的作业指令后,应严格按照作业指令的要求进行外业观测。在进行外业观测时,外业观测人员除严格按照作业规范、作业指令进行操作外,还要根据一些特殊情况,灵活地采取应对措施。在外业中常见的情况有不能按时开机、仪器故障和电源故障等。

(5)数据传输与转储。在一段外业观测结束后,应及时地将观测数据传输到计算机中,并根据要求进行备份,在数据传输时需要对照外业观测记录手簿,检查所输入的记录是否正确。数据传输与转储应根据条件,及时进行。

(6)基线处理与质量评估。对所获得的外业数据及时地进行处理,解算出基线向量,并对解算结果进行质量评估。作业指挥员需要根据基线解算情况作下一步 GPS 观测作业的安排。

(7)重复确定作业方案、外业观测、数据传输与转储、基线处理与质量评估四步,直至完成所有 GPS 观测工作。

1.2.3 测后工作

(1)结果分析(网平差处理与质量评估)。

对外业观测所得到的基线向量进行质量检验,并对由合格的基线向量所构建成的 GPS 基线向量网进行平差解算,得出网中各点的坐标成果。如果需要利用 GPS 测定网中各点的正高或正常高,还需要进行高程拟合。

(2)技术总结。

根据整个 GPS 网的布设及数据处理情况,进行全面的技术总结。

(3)成果验收。

2 技术设计

2.1 技术设计的作用

在布设 GPS 网时,技术设计是非常重要的。这是因为技术设计提供了布设 GPS 网的技术准则,在布设 GPS 网时所遇到的所有技术问题,都需要从技术设计中寻找答案。因此,在进行每一项 GPS 工程时,都必须首先进行技术设计。

2.2 技术设计的内容

一个完整的技术设计,主要应包含如下内容:

(1)项目来源。介绍项目的来源、性质。即项目由何单位、部门下达及发包,属于何种性质的项目。

(2)测区概况。介绍测区的地理位置、气候、人文、经济发展状况、交通条件、通信条件等。这可为今后工程施测工作的开展提供必要的信息。如在施测时作业时间、交通工具的安排,电力设备使用,通信设备的使用。

(3)工程概况。介绍工程的目的、作用、要求、GPS 网等级(精度)、完成时间、有无特殊要求等在进行技术设计、实际作业和数据处理中所必须要了解的信息。

(4)技术依据。介绍工程所依据的测量规范、工程规范、行业标准及相关的技术要求等。

(5)现有测绘成果。介绍测区内及与测区相关地区的现有测绘成果的情况,如已知点、测区地形图等。

(6)施测方案。介绍测量采用的仪器设备的种类、采取的布网方法等。

(7)作业要求。规定选点埋石要求、外业观测时的具体操作规程、技术要求等,包括仪器参数的设置(如采样率、截止高度角等)、对中精度、整平精度、天线高的量测方法及精度要求等。

(8)观测质量控制。介绍外业观测的质量要求,包括质量控制方法及各项限差要求等。如数据删除率、RMS 值、RATIO 值、同步环闭合差、异步环闭合差、相邻点相对中误差、点位中误差等。

(9)数据处理方案。详细的数据处理方案,包括基线解算和网平差处理所采用的软件和处理方法等内容。

对于基线解算的数据处理方案,应包含如下内容:基线解算软件、参与解算的观测值、解算时所使用的卫星星历类型等。

对于网平差的数据处理方案,应包含如下内容:网平差处理软件、网平差类型、网平差时的坐标系、基准及投影、起算数据的选取等。

(10)提交成果要求。规定提交成果的类型及形式。

3 布网方法

3.1 GPS 基线向量网的等级

根据我国 1992 年颁布的全球定位系统测量规范,GPS 基线向量网被分成了 A、B、C、D、E 五个级别。表 3-1 是我国全球定位系统测量规范中有关 GPS 网等级的有关内容。

GPS 网的精度指标,通常是以网中相邻点之间的距离误差来表示的,其具体形式为

$$\sigma = \sqrt{a^2 + (b \times D)^2} \tag{3-1}$$

式中:σ 为网中相邻点间的距离中误差,mm;a 为固定误差,mm;b 为比例误差,ppm(即 1×10^{-6},后同);D 为相邻点间的距离,km。

对于不同等级的 GPS 网,精度要求见表 3-1。

表 3-1 不同等级的 GPS 网的精度要求

测量分类	固定误差 a(mm)	比例误差 b(ppm)	相邻点距离 (km)
A	≤5	≤0.1	100 ~ 2 000
B	≤8	≤1	15 ~ 250
C	≤10	≤5	5 ~ 40
D	≤10	≤10	2 ~ 15
E	≤10	≤20	1 ~ 10

A 级网一般为区域或国家框架网、区域动力学网;B 级网为国家大地控制网或地方框架网;C 级网为地方控制网和工程控制网;D 级网为工程控制网;E 级网为测图网。

美国联邦大地测量分管委员会(Federal Geodetic Control Subcommittee,FGCS)在 1988 年公布的 GPS 相对定位的精度标准中有一个 AA 级的等级,此等级的网一般为全球性的坐标框架。

3.2 GPS 基线向量网的布网形式

GPS 网常用的布网形式有以下几种:跟踪站式、会战式、多基准站式(枢纽点式)、同步图形扩展式、单基准站式。

3.2.1 跟踪站式

3.2.1.1 布网形式

若干台接收机长期固定安放在测站上,进行常年、不间断的观测,即一年观测 365 天,一天观测 24 h,这种观测方式很像是跟踪站,因此这种布网形式被称为跟踪站式。

3.2.1.2 特点

由于在采用跟踪站式的布网形式布设 GPS 网时,接收机在各个测站上进行了不间断的连续观测,观测时间长、数据量大,而且在处理采用这种方式所采集的数据时,一般采用精密星历,因此采用此种形式布设的 GPS 网具有很高的精度和框架基准特性。

每个跟踪站为保证连续观测,一般需要建立专门的永久性建筑即跟踪站,用以安置仪器设备,这使得这种布网形式的观测成本很高。

此种布网形式一般用于建立 GPS 跟踪站(AA 级网),对于普通用途的 GPS 网,由于此种布网形式观测时间长、成本高,故一般不被采用。

3.2.2 会战式

3.2.2.1 布网形式

在布设 GPS 网时,一次组织多台 GPS 接收机,集中在一段不太长的时间内,共同作业。在作业时,所有接收机在若干天的时间里分别在同一批点上进行多天、长时段的同步观测,在完成一批点的测量后,所有接收机又都迁移到另外一批点上进行相同方式的观测,直至所有的点观测完毕,这就是所谓的会战式的布网。

3.2.2.2 特点

采用会战式布网形式所布设的 GPS 网,因为各基线均进行过较长时间、多时段的观测，所以可以较好地消除 SA 等因素的影响，因而具有特高的尺度精度。此种布网方式一般用于布设 A、B 级网。

3.2.3 多基准站式

3.2.3.1 布网形式

所谓多基准站式的布网形式，就是有若干台接收机在一段时间里长期固定在某几个点上进行长时间的观测，这些测站称为基准站，在基准站进行观测的同时，另外一些接收机则在这些基准站周围相互之间进行同步观测，如图 3-1 所示。

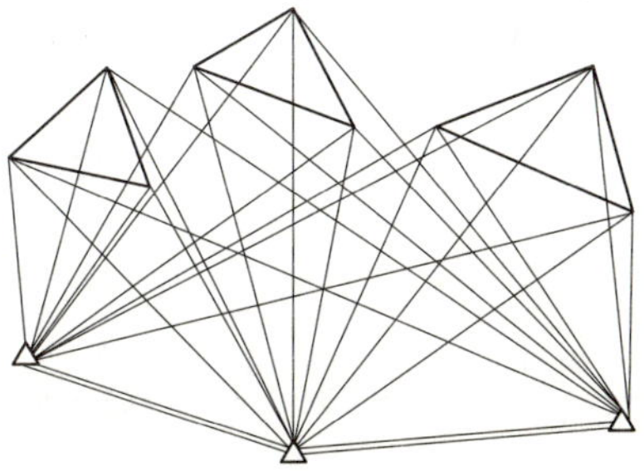

图 3-1 多基准站式

3.2.3.2 特点

采用多基准站式的布网形式所布设的 GPS 网，由于在各个基准站之间进行了长时间的观测，因此可以获得较高精度的定位结果，这些高精度的基线向量可以作为整个 GPS 网的骨架。另外，其余的进行了同步观测的接收机间除自身间有基线向量相连外，它们与各个基准站之间也存在同步观测，因此也有同步观测基线相连，这样可以获得更强的图形结构。

3.2.4 同步图形扩展式

3.2.4.1 布网形式

所谓同步图形扩展式的布网形式，就是多台接收机在不同测站上进行同步观测，在完成一个时段的同步观测后，又迁移到其他的测站上进行同步观测，每次同步观测都可以形成一个同步图形，在测量过程中，不同的同步图形间一般由若干个公共点相连，整个 GPS 网由这些同步图形构成。

3.2.4.2 特点

同步图形扩展式的布网形式具有扩展速度快、图形强度较高且作业方法简单的优点。同步图形扩展式是布设 GPS 网时最常用的一种布网形式。

3.2.5 单基准站式

3.2.5.1 布网形式

单基准站式的布网方式有时又称作星形网方式，它是以一台接收机作为基准站，在某个测站上连续开机观测，其余的接收机在此基准站观测期间，在其周围流动，每到一点就进行观测，流动的接收机之间一般不要求同步，这样，流动的接收机每观测一个时段，就与基准站间测得一条同步观测基线，所有这样测得的同步基线就形成了一个以基准站为中心的星形。流动的接收机有时也称为流动站。单基准站式见图 3-2。

3.2.5.2 特点

单基准站式的布网方式效率很高，但是由于各流动站一般只与基准站之间有同步观测基线，故图形强度很弱，为提高图形强度，一般需要每个测站至少进行两次观测。

3.3 采用同步图形扩展的布网形式布设 GPS 基线向量网时的观测作业方式

同步图形扩展式的作业方式具有作业效率高、图形强度好的特点，它是目前在 GPS

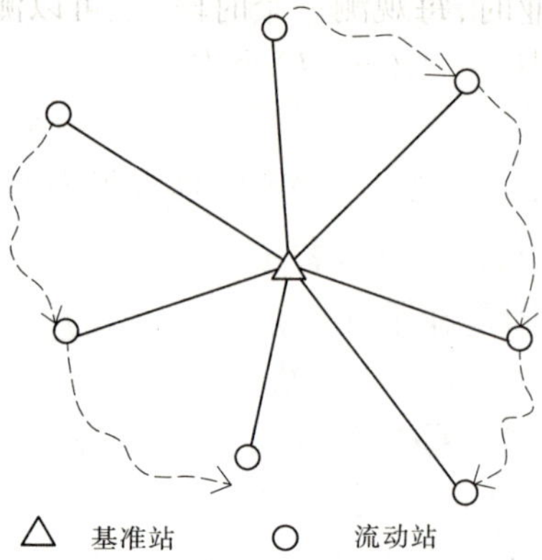

图 3-2 单基准站式

测量中普遍采用的一种布网形式,在本书中将着重介绍此种布网形式。采用同步图形扩展式布设 GPS 基线向量网时的观测作业方式主要有点连式、边连式、网连式、混连式等形式。

3.3.1 点连式

3.3.1.1 观测作业方式

所谓点连式,就是在观测作业时,相邻的同步图形间只通过一个公共点相连。这样,当有 m 台仪器共同作业时,每观测一个时段,就可以测得 $m-1$ 个新点,当这些仪器观测了 s 个时段后,就可以测得 $1+s(m-1)$ 个点。点连式见图 3-3。

图 3-3 点连式

3.3.1.2 特点

点连式观测作业方式的优点是作业效率高,图形扩展迅速;它的缺点是图形强度低,如果连接点发生问题,将影响到后面的同步图形。

3.3.2 边连式

3.3.2.1 观测作业方式

所谓边连式,就是在观测作业时,相邻的同步图形间由一条边(即两个公共点)相连。这样,当有 m 台仪器共同作业时,每观测一个时段,就可以测得 $m-2$ 个新点,当这些仪器观测了 s 个时段后,就可以测得 $2+s(m-2)$ 个点。边连式见图 3-4。

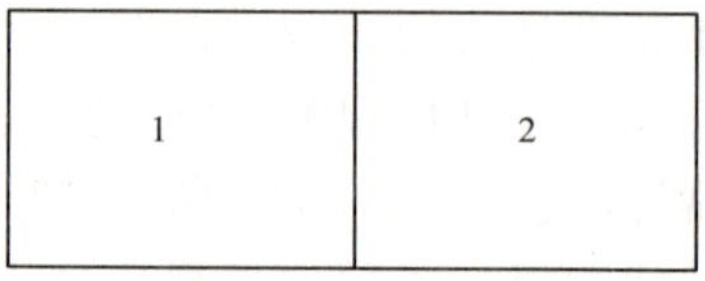

图 3-4 边连式

3.3.2.2 特点

边连式观测作业方式具有较好的图形强度和较高的作业效率。

3.3.3 网连式

3.3.3.1 观测作业方式

所谓网连式,就是在作业时,相邻的同步图形间由 3 个(含 3 个)以上的公共点相连。

这样，当有 m 台仪器共同作业时，每观测一个时段，就可以测得 $m-k$ 个新点，当这些仪器观测了 s 个时段后，就可以测得 $k+s(m-k)$ 个点。

3.3.3.2　特点

采用网连式观测作业方式所测设的GPS网具有很强的图形强度，但网连式观测作业方式的作业效率很低。

3.3.4　混连式

3.3.4.1　观测作业方式

在实际的GPS作业中，一般并不是单独采用上面所介绍的某一种观测作业模式，而是根据具体情况，有选择地灵活采用这几种方式作业，这样一种观测作业方式就是所谓的混连式。混连式见图3-5。

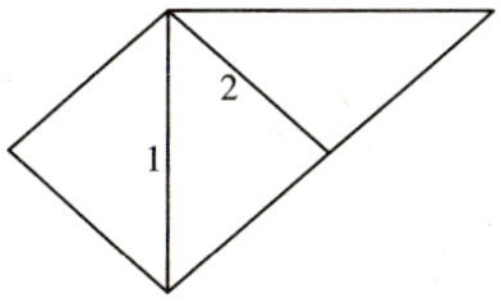

图3-5　混连式

3.3.4.2　特点

混连式观测作业方式是实际作业中最常用的作业方式，它实际上是点连式、边连式和网连式的一个结合体。

4　布设GPS基线向量网时的设计指标

在布设GPS网时，除遵循一定的设计原则外，还需要一些定量的指标来指导工作。在进行GPS网的设计时经常需要采用效率指标、可靠性指标和精度指标。

4.1　效率指标

在进行GPS网的设计时，经常采用效率指标来衡量某种网设计方案的效率，以及在采用某种布网方案作业时所需要的作业时间、消耗等。

在布设一个GPS网时，在点数、接收机数和平均重复设站次数确定后，则完成该网测设所需的理论最少观测期数就可以确定。但是，当按照某个具体的布网方式和观测作业方式进行作业时，要按要求完成整网的测设，所需的观测期数与理论上的最少观测期数会有差异，理论最少观测期数与设计的观测期数的比值，称为效率指标（e），即

$$e=\frac{S_{\min}}{S_{\mathrm{d}}} \tag{3-2}$$

式中：$S_{\min}$ 为理论最少观测期数；S_{d} 为设计观测期数。

该指标可用来衡量GPS网设计的效率。

4.2　可靠性指标

GPS网可靠性，可以分为内可靠性和外可靠性。所谓GPS网的内可靠性，就是指所布设的GPS网发现粗差的能力，即可发现的最小粗差的大小；所谓GPS网的外可靠性，就是指GPS网抵御粗差的能力，即未剔除的粗差对GPS网所造成的不良影响的大小。关于内、外可靠性的问题，可以从一些相关书籍上找到更为详细的叙述，并且还给出了内、外可靠性指标的算法。由于内、外可靠性指标在计算上过于烦琐，因此在实际的GPS网的设计中采用了另外一个计算较为简单的反映GPS网可靠性的数量指标，这个可靠性指标就是整网的多余独立基线数与总的独立基线数的比值，称为整网的平均可靠性指标（η），即

$$\eta = \frac{l_r}{l_t} \tag{3-3}$$

式中：l_r 为多余的独立基线数；l_t 为总的独立基线数。

4.3 精度指标

当 GPS 网布网方式和观测作业方式确定后，GPS 网的网形就确定了，根据已确定的 GPS 网的网形，可以得到 GPS 网的设计矩阵 $\boldsymbol{B}$，从而可以得到 GPS 网的协因数阵，在 GPS 网的设计阶段可以采用 $tr(Q)$ 作为衡量 GPS 网精度的指标。

5 GPS 网的设计准则

5.1 出发点

GPS 网设计的出发点是在保证质量的前提下，尽可能地提高效率，努力降低成本。因此，在进行 GPS 的设计和测设时，既不能脱离实际的应用需求，盲目地追求不必要的高精度和高可靠性，也不能为追求高效率和低成本，而放弃对质量的要求。

5.2 GPS 网布网作业准则

5.2.1 选点

为保证对卫星的连续跟踪观测和卫星信号的质量，要求测站上空应尽可能的开阔，在 10°～15°高度角以上不能有成片的障碍物。

为减少各种电磁波对 GPS 卫星信号的干扰，在测站周围约 200 m 的范围内不能有强电磁波干扰源，如大功率无线电发射设施、高压输电线等。

为避免或减少多路径效应的发生，测站应远离对电磁波信号反射强烈的地形、地物，如高层建筑、成片水域等。

为便于观测作业和今后的应用，测站应选在交通便利，上点方便且易于保存的地方。

5.2.2 提高 GPS 网可靠性的方法

（1）增加观测期数（增加独立基线数）。

在布设 GPS 网时，适当增加观测期数（时段数）对于提高 GPS 网的可靠性非常有效。因为，随着观测期数的增加，所测得的独立基线数就会增加，而独立基线数的增加，对网的可靠性的提高是非常有益的。

（2）保证一定的重复设站次数。

保证一定的重复设站次数，可确保 GPS 网的可靠性。一方面，通过在同一测站上的多次观测，可有效地发现设站、对中、整平、量测天线高等人为错误；另一方面，重复设站次数的增加，也意味着观测期数的增加。不过，需要注意的是，当同一台接收机在同一测站上连续进行多个时段的观测时，各个时段间必须重新安置仪器，以更好地地消除各种人为操作误差和错误。

（3）保证每个测站至少与 3 条以上的独立基线相连，这样可以使得测站具有较高的可靠性。

在布设 GPS 网时，各个点的可靠性与点位无直接关系，而与该点上所连接的基线数有关，点上所连接的基线数越多，点的可靠性则越高。

（4）在布网时要使网中所有最小异步环的边数不大于 6 条。

在布设GPS网时，检查GPS观测值（基线向量）质量的最佳方法是异步环闭合差，而随着组成异步环的基线向量数的增加，其检验质量的能力将逐渐下降。

5.2.3　提高GPS网精度的方法

(1)为保证GPS网中各相邻点具有较高的相对精度，对网中距离较近的点一定要进行同步观测，以获得它们间的直接观测基线。

(2)为提高整个GPS网的精度，可以在全面网之上布设框架网，以框架网作为整个GPS网的骨架。

(3)在布网时要使网中所有最小异步环的边数不大于6条。

(4)在布设GPS网时，引入高精度激光测距边，作为观测值与GPS观测值（基线向量）一同进行联合平差，或将它们作为起算边长。

(5)若要采用高程拟合的方法，测定网中各点的正常高/正高，则需在布网时，选定一定数量的水准点，水准点的数量应尽可能得多，且应在网中均匀分布，还要保证有部分点分布在网中的四周，将整个网包含在其中。

(6)为提高GPS网的尺度精度，可采用如下方法：增设长时间、多时段的基线向量。

5.2.4　布设GPS网时起算点的选取与分布

(1)若要求所布设的GPS网的成果与旧成果吻合最好，则起算点数量越多越好；若不要求所布设的GPS网的成果完全与旧成果吻合，则一般可选3～5个起算点，这样既可以保证新老坐标成果的一致性，也可以保持GPS网的原有精度。

(2)为保证整网的点位精度均匀，起算点一般应均匀地分布在GPS网的周围。要避免所有的起算点分布在网中一侧的情况。

5.2.5　布设GPS网时起算边长的选取与分布

在布设GPS网时，可以采用高精度激光测距边作为起算边长，激光测距边的数量可为3～5条，它们可设置在GPS网中的任意位置。但激光测距边两端点的高差不应过分悬殊。

5.2.6　布设GPS网时起算方位的选取与分布

在布设GPS网时，可以引入起算方位，但起算方位不宜太多，起算方位可布设在GPS网中的任意位置。

6　GPS基线解算

6.1　GPS基线解算的基本原理

GPS基线向量表示了各测站间的一种位置关系，即测站与测站间的坐标增量。GPS基线向量与常规测量中的基线是有区别的，常规测量中的基线只有长度属性，而GPS基线向量则具有长度、水平方位和垂直方位等三项属性。GPS基线向量是GPS同步观测的直接结果，也是进行GPS网平差，获取最终点位的观测值。

6.1.1　观测值

基线解算一般采用差分观测值，较为常用的差分观测值为双差观测值，即由两个测站的原始观测值分别在测站和卫星间求差后所得到的观测值。双差观测值可以表示为下面的形式

$$dd(\phi_f) + V_f = dd(\rho) + dd(\rho_{ion}) + dd(\rho_{trop}) + \lambda_f N_f^{m,n} \tag{3-4}$$

式中：$dd(_)$为双差分算子（在测站 i,j 和卫星 m,n 间求差）；$dd(\phi_f)$为频率 f 的双差载波相位观测值；V_f 为频率 f 的双差载波相位观测值的残差（改正数）；ρ 为观测历元 t 时的站星距离；ρ_{ion}为电离层延迟；ρ_{trop}为对流层延迟；λ_f 为频率 f 的载波相位的波长；$N_f^{m,n}$ 为整周未知数。

若在某一历元中，对 k 颗卫星数进行了同步观测，则可以得到 $k-1$ 个双差观测值；若在整个同步观测时段内同步观测卫星的总数为 l，则整周未知数的数量为 $l-1$。

在进行基线解算时，ρ_{ion}和 ρ_{trop}一般并不作为未知参数，而是通过某些方法将它们消除。因此，基线解算时一般只有两类参数，一类是测站的坐标参数$\underset{3,1}{X_C}$，数量为 3；另一类是整周未知数参数 $\underset{m-1,1}{X_N}$（m 为同步观测的卫星数），数量为 $m-1$。

6.1.2 基线解算（平差）

基线解算的过程实际上主要是一个平差的过程，平差所采用的观测值主要是双差观测值。在基线解算时，平差要分三个阶段进行，第一阶段进行初始平差，解算出整周未知数参数和基线向量的实数解（浮动解）；在第二阶段，将整周未知数固定成整数；在第三阶段，将确定了的整周未知数作为已知值，仅将待定的测站坐标作为未知参数，再次进行平差解算，求解出基线向量的最终解——整数解（固定解）。

6.1.2.1 初始平差

根据双差观测值的观测方程（需要进行线性化），组成误差方程，然后组成法方程，求解待定的未知参数的精度信息，其结果为：

待定参数：$\hat{\boldsymbol{X}} = \begin{bmatrix} \hat{X}_C \\ \hat{X}_N \end{bmatrix}$。

待定参数的协因数阵：$\boldsymbol{Q} = \begin{bmatrix} Q_{\bar{X}_C\bar{X}_C} & Q_{\bar{X}_C\bar{X}_N} \\ Q_{\bar{X}_N\bar{X}_C} & Q_{\bar{X}_N\bar{X}_N} \end{bmatrix}$。

单位权中误差：δ_0。

通过初始平差，所解算出的整周未知数参数 X_N 本应为整数，但由于观测值误差、随机模型和函数模型不完善等原因，使得其结果为实数，因此此时与实数的整周未知数参数对应的基线解被称作基线向量的实数解或浮动解。

为了获得较好的基线解算结果，必须准确地确定出整周未知数的整数值。

6.1.2.2 整周未知数的确定

确定整周未知数的整数值的方法有很多种，目前所采用的方法基本上是以下面将要介绍的搜索法为基础的。搜索法的具体步骤如下：

（1）根据初始平差的结果 $\hat{X}_N$ 和 $D_{\bar{X}_N\bar{X}_N}$，分别以 $\hat{X}_N$ 中的每一个整周未知数为中心，以与它们中误差的若干倍为搜索半径，确定出每一个整周未知数的一组备选整数值。

（2）从上面所确定出的每一个整周未知数的备选整数值中一次选取一个，组成整周未知数的备选组，并分别以它们作为已知值，代入原基线解算方程，确定出相应的基线解。

（3）从所解算出的所有基线向量中选出产生单位权中误差最小的那个基线向量结

果,作为最终的解算结果,这就是所谓的基线向量整数解(或称固定解)。

6.1.2.3 确定基线向量的固定解

当确定了整周未知数的整数值后,与之相对应的基线向量就是基线向量的整数解。

6.2 GPS基线解算的分类

6.2.1 单基线解算

6.2.1.1 定义

当有 m 台 GPS 接收机进行了一个时段的同步观测后,每两台接收机之间就可以形成一条基线向量,共有 $1/2+m(m-1)$ 条同步观测基线,其中最多可以选出相互独立的 $m-1$ 条同步观测基线,至于这 $m-1$ 条独立基线如何选取,只要保证所选的 $m-1$ 条独立基线不构成闭和环就可以了。也就是说,凡是构成了闭和环的同步基线是函数相关的,同步观测所获得的独立基线虽然不具有函数相关的特性,但它们却是误差相关的,实际上所有的同步观测基线间都是误差相关的。所谓单基线解算,就是在基线解算时不顾及同步观测基线间的误差相关性,对每条基线单独进行解算。

6.2.1.2 特点

单基线解算的算法简单,但由于其解算结果无法反映同步基线间的误差相关的特性,不利于后面的网平差处理,一般只用在普通等级 GPS 网的测设中。

6.2.2 多基线解

6.2.2.1 定义

与单基线解算不同的是,多基线解算顾及了同步观测基线间的误差相关性,在基线解算时对所有同步观测的独立基线一并解算。

6.2.2.2 特点

多基线解由于在基线解算时顾及了同步观测基线间的误差相关特性,因此在理论上是严密的。

6.2.3 GPS基线解算的过程

每一个厂商所生产的接收机都会配备相应的数据处理软件,它们在使用方法上都会有各自不同的特点,但是,无论是哪种软件,它们在使用步骤上却是大体相同的。

6.2.3.1 GPS基线解算的过程

(1)原始观测数据的读入。

在进行基线解算时,首先需要读取原始的 GPS 观测值数据。一般来说,各接收机厂商随接收机一起提供的数据处理软件都可以直接处理从接收机中传输出来的 GPS 原始观测值数据,而由第三方开发的数据处理软件则不一定能对各接收机的原始观测数据进行处理,要处理这些数据,首先需要进行格式转换。目前,最常用的格式是 RINEX 格式,对于按此种格式存储的数据,大部分的数据处理软件都能直接处理。

(2)外业输入数据的检查与修改。

在读入了 GPS 观测值数据后,就需要对观测数据进行必要的检查,检查的项目包括测站名、点号、测站坐标、天线高等。对这些项目进行检查的目的是避免外业操作时的误操作。

(3)设定基线解算的控制参数。

基线解算的控制参数用以确定数据处理软件采用何种处理方法来进行基线解算，设定基线解算的控制参数是基线解算时的一个非常重要的环节，通过控制参数的设定，可以实现基线的精化处理。

(4)基线解算。

基线解算的过程一般是自动进行的，无需过多的人工干预。

(5)基线质量的检验。

基线解算完毕后，基线结果并不能马上用于后续的处理，还必须对基线的质量进行检验，只有质量合格的基线才能用于后续的处理；如果不合格，则需要对基线进行重新解算或重新测量。基线的质量检验需要通过 RATIO、RDOP、RMS、同步环闭和差、异步环闭和差和重复基线较差来进行。

(6)结束。

6.2.3.2 影响 GPS 基线解算结果的因素

影响基线解算结果的因素主要有以下几条：

(1)基线解算时所设定的起点坐标不准确。

起点坐标不准确，会导致基线出现尺度和方向上的偏差。

(2)少数卫星的观测时间太短，导致这些卫星的整周未知数无法准确确定。

当卫星的观测时间太短时，会导致与该颗卫星有关的整周未知数无法准确确定，而就基线解算来讲，对于参与计算的卫星，如果与其相关的整周未知数没有准确确定的话，就将影响整个基线处理结果。

(3)在整个观测时段里，有个别时间段里周跳太多，致使周跳修复不完善。

(4)在观测时段内，多路径效应比较严重，观测值的改正数普遍较大。

(5)对流层或电离层折射影响过大。

7 GPS 基线向量网平差

GPS 基线解算就是利用 GPS 观测值，通过数据处理，得到测站的坐标或测站间的基线向量值。

在布设 GPS 网时，首先需对构成 GPS 网的基线进行观测，并利用所采集到的 GPS 数据进行数据处理，通过基线解算，获得具有同步观测数据的测站间的基线向量。为了确定 GPS 网中各个点在某一特定坐标系统下的绝对坐标，需要提供位置基准、方位基准和尺度基准，而一条 GPS 基线向量只含有在 WGS－84 下的水平方位、垂直方位和尺度信息，通过多条 GPS 基线向量可以提供网的方位基准和尺度基准，由于 GPS 基线向量中不含有确定网中各点绝对坐标的位置基准信息，因此仅凭 GPS 基线向量所提供的基准信息是无法确定出网中各点的绝对坐标的。而布设 GPS 网的主要目的是确定网中各个点在某一特定局部坐标系下的坐标，这就需要从外部引入位置基准，这个外部基准通常是通过一个以上的起算点来提供的。网平差时可利用所引入的起算数据来计算出网中各点的坐标。当然，GPS 基线向量网的平差，除可以求解出待定点的坐标外，还可以发现和剔除 GPS 基线向量观测值和地面观测中的粗差，消除由于各种类型的误差而引起的矛盾，并评定观测成果的精度。

7.1 GPS网平差的分类

GPS网平差的类型有多种,根据平差所进行的坐标空间,可将GPS网平差分为三维平差和二维平差;根据平差时所采用的观测值和起算数据的数量和类型,可将平差分为无约束平差、约束平差和联合平差等。

7.1.1 三维平差和二维平差

7.1.1.1 三维平差

所谓三维平差,是指平差在三维空间坐标系中进行,观测值为三维空间中的观测值,解算出的结果为点的三维空间坐标。GPS网的三维平差,一般在三维空间直角坐标系或三维空间大地坐标系下进行。

7.1.1.2 二维平差

所谓二维平差,是指平差在二维平面坐标系下进行,观测值为二维观测值,解算出的结果为点的二维平面坐标。二维平差一般适合于小范围GPS网的平差。

7.1.2 无约束平差、约束平差和联合平差

7.1.2.1 无约束平差

GPS网的无约束平差指的是在平差时不引入会造成GPS网产生由非观测量所引起的变形的外部起算数据。常见的GPS网的无约束平差,一般是在平差时没有起算数据或没有多余的起算数据。

7.1.2.2 约束平差

GPS网的约束平差指的是平差时所采用的观测值完全是GPS观测值(即GPS基线向量),而且在平差时引入了使得GPS网产生由非观测量所引起的变形的外部起算数据。

7.1.2.3 联合平差

GPS网的联合平差指的是平差时所采用的观测值除GPS观测值外,还采用了地面常规观测值,这些地面常规观测值包括边长、方向、角度等观测值。

7.2 GPS网平差的过程

在使用数据处理软件进行GPS网平差时,需要按以下几个步骤来进行:

(1)提取基线向量,构建GPS基线向量网。

(2)三维无约束平差。

(3)约束平差/联合平差。

(4)质量分析与控制。

7.2.1 提取基线向量,构建GPS基线向量网

要进行GPS网平差,首先必须提取基线向量,构建GPS基线向量网。提取基线向量时需要遵循以下几项原则:

(1)必须选取相互独立的基线。若选取了不相互独立的基线,则平差结果会与真实的情况不相符合。

(2)所选取的基线应构成闭合的几何图形。

(3)选取质量好的基线向量。基线质量的好坏,可以依据RMS、RDOP、RATIO、同步环闭和差、异步环闭和差和重复基线较差来判定。

(4)选取能构成边数较少的异步环的基线向量。

(5)选取边长较短的基线向量。

7.2.2　三维无约束平差

在构成了 GPS 基线向量网后,需要进行 GPS 网的三维无约束平差,通过无约束平差主要达到以下几个目的:

(1)根据无约束平差的结果,判别在所构成的 GPS 网中是否有粗差基线,如发现含有粗差的基线,需要进行相应的处理,必须使得最后用于构网的所有基线向量均满足质量要求。

(2)调整各基线向量观测值的权,使得它们相互匹配。

7.2.3　约束平差/联合平差

在进行完三维无约束平差后,需要进行约束平差或联合平差,平差可根据需要在三维空间或二维空间中进行。

约束平差的具体步骤是:

(1)指定进行平差的基准和坐标系统。

(2)指定起算数据。

(3)检验约束条件的质量。

(4)进行平差解算。

7.2.4　质量分析与控制

在这一步,进行 GPS 网质量的评定,在评定时可以采用下面的指标:

(1)基线向量的改正数。

根据基线向量的改正数的大小,可以判断出基线向量中是否含有粗差。具体判定依据是:若 $|V_i| < \overline{\sigma}_0 - \sqrt{q_i} - t_{1-\alpha/2}$,则认为基线向量中不含有粗差;反之,则含有粗差。

(2)相邻点的中误差和相对中误差。

在进行质量评定时,若发现有质量问题,需要根据具体情况进行处理,如果发现构成 GPS 网的基线中含有粗差,则需要采用删除含有粗差的基线、重新对含有粗差的基线进行解算或重测含有粗差的基线等方法加以解决;如果发现个别起算数据有质量问题,则应该放弃有质量问题的起算数据。

8　GPS 高程

8.1　高程系统

在测量中常用的高程系统有大地高系统、正高系统和正常高系统。

8.1.1　大地高系统

大地高系统是以参考椭球面为基准面的高程系统。某点的大地高是该点到通过该点的参考椭球的法线与参考椭球面的交点间的距离。大地高也称为椭球高,一般用符号 H 表示。大地高是一个纯几何量,不具有物理意义。同一个点,在不同的基准下,具有不同的大地高。

8.1.2　正高系统

正高系统是以大地水准面(见图 3-6)为基准面的高程系统。某点的正高是该点到通过该点的铅垂线与大地水准面的交点之间的距离,正高用符号 H_g 表示。

图 3-6 大地水准面

8.1.3 正常高系统

正常高系统是以似大地水准面为基准的高程系统。某点的正常高是该点到通过该点的铅垂线与似大地水准面的交点之间的距离,正常高符号用 H_r 表示。

8.1.4 高程系统之间的转换关系

大地水准面到参考椭球面的距离,称为大地水准面差距,记为 h_g。大地高与正高之间的关系可以表示为:$H = H_g + h_g$。

似大地水准面到参考椭球面的距离,称为高程异常,记为 ζ。大地高与正常高之间的关系可以表示为:$H = H_r + \zeta$。

高程系统间的相互关系见图 3-7。

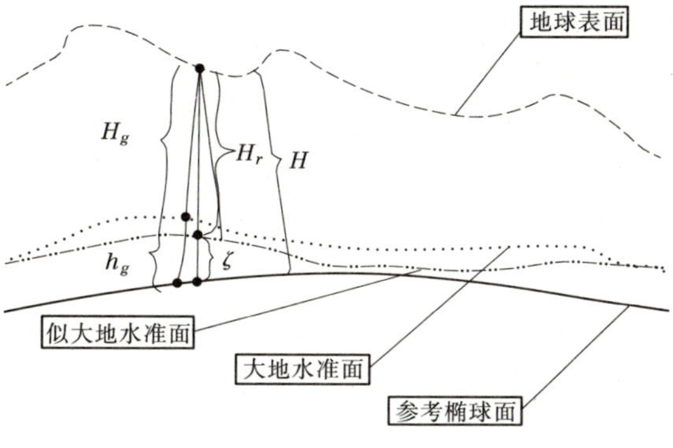

图 3-7 高程系统间的相互关系

8.2 GPS 高程的方法

由于采用 GPS 观测所得到的是大地高,为了确定出正高或正常高,需要有大地水准面差距或高程异常数据。

8.2.1 等值线图法

从高程异常图或大地水准面差距图分别查出各点的高程异常或大地水准面差距 h_g,然后分别采用转换关系可计算出正常高和正高。

在采用等值线图法确定点的正常高和正高时要注意以下几个问题:

(1)注意等值线图所适用的坐标系统,在求解正常高或正高时,要采用相应坐标系统的大地高数据。

(2)采用等值线图法确定正常高或正高时,其结果的精度在很大程度上取决于等值线图的精度。

8.2.2 地球模型法

地球模型法本质上是一种数字化的等值线图,目前国际上较常采用的地球模型有OSU91A 等。不过遗憾的是这些模型均不适用于我国。

8.2.3 高程拟合法

8.2.3.1 基本原理

所谓高程拟合法,就是利用在范围不大的区域中,高程异常具有一定的几何相关性这一原理,采用数学方法,求解正高、正常高或高程异常。

8.2.3.2 注意事项

(1)适用范围。

高程拟合方法,是一种纯几何的方法,因此一般仅适用于高程异常变化较为平缓的地区(如平原地区),其拟合的准确度可达到一个分米以内。对于高程异常变化剧烈的地区(如山区),这种方法的准确度有限,这主要是因为在这些地区,高程异常的已知点很难将高程异常的特征表示出来。

(2)选择合适的高程异常已知点。

高程异常的已知点的高程异常值,一般是通过水准测量测定正常高、通过 GPS 测量测定大地高后获得的。在实际工作中,一般采用在水准点上布设 GPS 点或对 GPS 点进行水准联测的方法来实现,为了获得好的拟合结果要求采用数量尽量多的已知点,它们应均匀分布,并且最好能够将整个 GPS 网包围起来。

(3)高程异常已知点的数量。

若要用零次多项式进行高程拟合,要确定 1 个参数,因此需要 1 个以上的已知点;若要采用一次多项式进行高程拟合,要确定 3 个参数,需要 3 个以上的已知点;若要采用二次多项式进行高程拟合,要确定 6 个参数,则需要 6 个以上的已知点。

(4)分区拟合法。

若拟合区域较大,可采用分区拟合的方法,即将整个 GPS 网划分为若干区域,利用位于各个区域中的已知点分别拟合出该区域中的各点的高程异常值,从而确定出它们的正常高。

学习单元 3.2 南方 GPS 数据处理

【学习目标】

通过本单元知识的学习,掌握南方 GPS 数据处理的方法。

【学习任务】

1. 掌握静态测量基本原理。
2. 能够进行 GPS 外业操作。
3. 掌握 GPS 测量文件传输。

4. 掌握 GPS 内业数据处理。

1 星历预报

在 GPS 系统还没有完全投入运营状态时，在轨 GPS 卫星数比较少，如果在进行静态观测前，就需要对第二天的卫星可见性预报，查看哪一个时间段卫星颗数大于 4 才能进行观测；而今，在轨卫星数量有 30 多颗，在时空条件好的地方，任何时间都能可见 4 颗以上卫星，一般 8 颗左右，所以下面简单介绍此模块的操作。

星历预报在处理软件中进行，可以查询不同时间内测区上空卫星颗数、卫星分布情况和 *PDOP* 值，为野外采集做质量保证。

按照学习单元 3.1 进行技术设计后再进行外业数据采集。

星历预报软件见图 3-8。

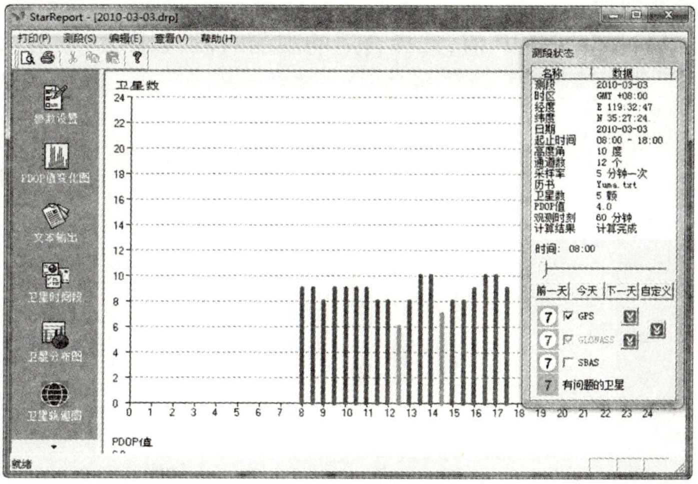

图 3-8 星历预报软件

1.1 参数设置

对各参数进行设置，设置界面见图 3-9。

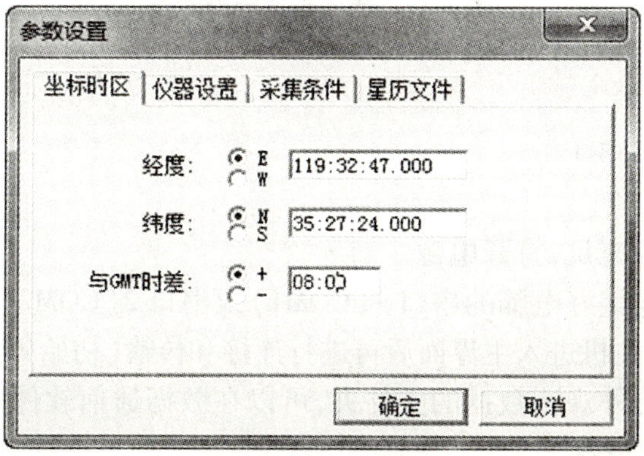

图 3-9 参数设置

1.2 下载星历文件

菜单如图 3-10 所示，下载完成后确定使用星历文件。

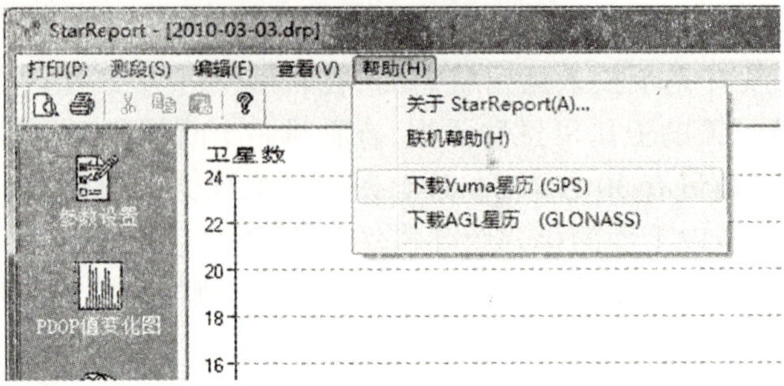

图 3-10　下载星历

1.3 选择合适观测时段

通过观察卫星数量和 *PDOP* 值，选择合适的观测时段，如图 3-11 所示。

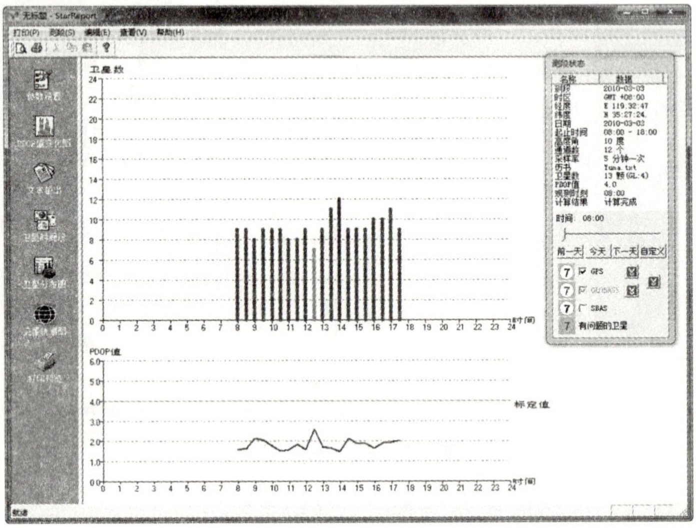

图 3-11　选择合适观测时段

2 测量文件传输

数据传输界面见图 3-12。

2.1 连接前的准备

(1)保证主机电源充足，打开电源。

(2)用通信电缆连接好电脑的串口 1(COM1)或串口 2(COM2)。

(3)要等待约 1 s 主机进入主界面后再进行连接和传输(初始界面不能传输)。

(4)设置要存放野外观测数据的文件夹，可以在数据通信软件中设置。

2.2 进行通信参数的设置

(1)选择“通信”菜单中的“通信接口”功能，系统弹出如图 3-13 所示的通信参数设置对话框。

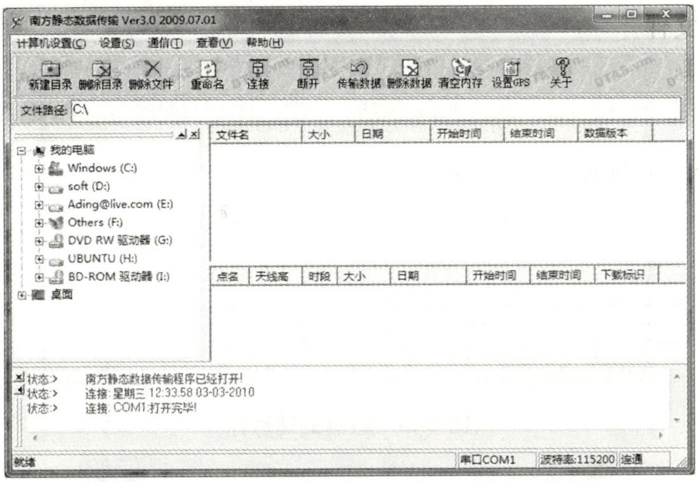

图3-12　数据传输界面

图3-13　通信参数设置对话框

(2)在通信参数设置对话框中选择通信接口COM1或COM2,鼠标单击“确定”按钮,波特率是自动设的,一般不用人工设置。

2.3　连接计算机和GPS接收机

选择“通信”菜单中的“开始连接”功能或直接在工具栏中选择“”。如果在第二步中设置的通信参数正确,系统将连接计算机和GPS接收机,在程序视窗的下半部分显示GPS接收机内的野外观测数据。如果通信参数设置不正确,请重复第二步的操作。

2.4　数据传输

(1)选择“通信”菜单中的“传输数据”功能。

(2)在GPS数据传输对话框中选择野外的观测数据文件,鼠标单击“开始”。

2.5　断开连接

选择“通信”菜单中的“断开连接”功能或直接在工具栏中选择“”,即可断开计算机和GPS接收机的连接。

3　内业数据处理

安装软件并运行,界面如图3-14所示。

在帮助菜单下注册。输入任意信息及16位注册码,如图3-15所示。

3.1　新建项目

新建项目见图3-16。

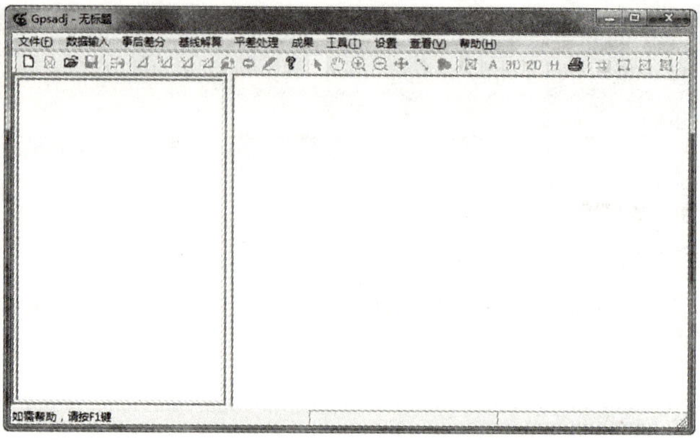

图 3-14　数据处理软件

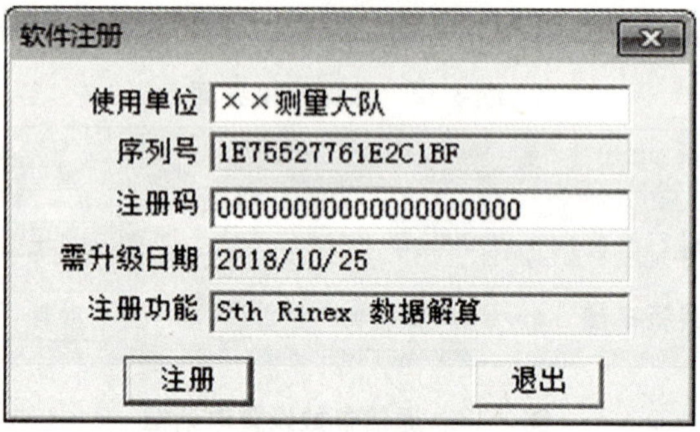

图 3-15　软件注册

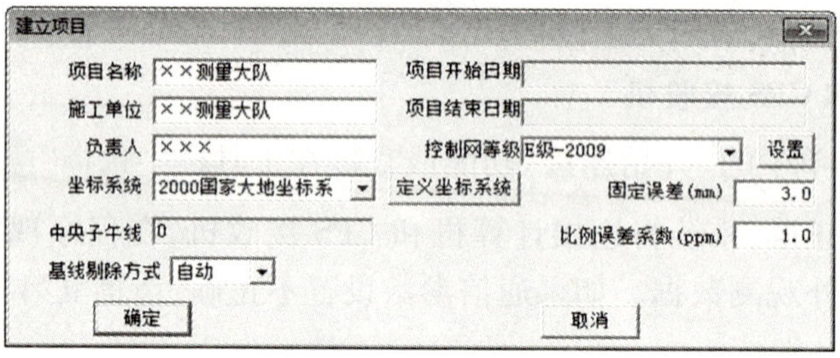

图 3-16　新建项目

主界面显示如图 3-17 所示。

3.2　增加野外观测数据

操作步骤:菜单→数据输入→增加观测数据文件(程序附带数据文件,在程序安装文件夹下,参考图 3-18)。

将野外 GPS 采集数据调入软件,这些数据是南方公司的专用格式 *.STH。显示如图 3-18所示。

选择文件列表中所有文件。

主窗口显示如图 3-19 所示。

3.3　解算基线

选择解算全部基线,有自动计算进度条显示。这一解算过程可能等待时间较长,处理

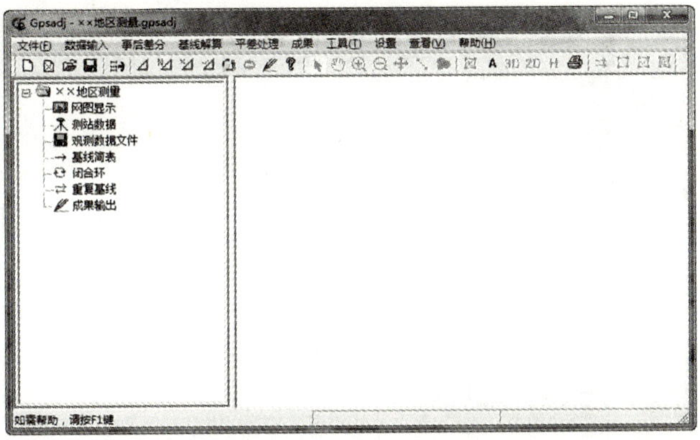

图 3-17 新建项目主界面

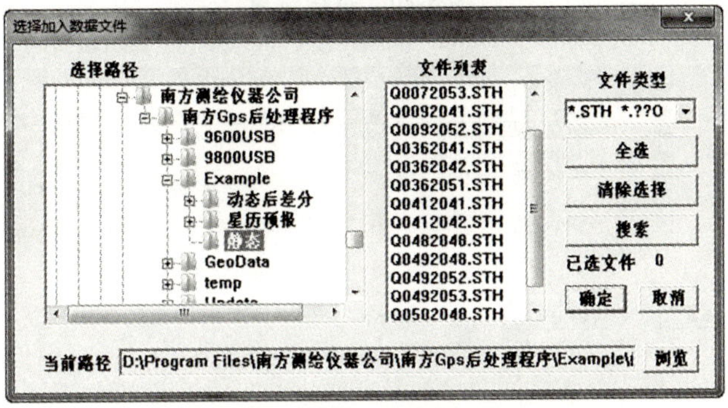

图 3-18 增加野外观测数据

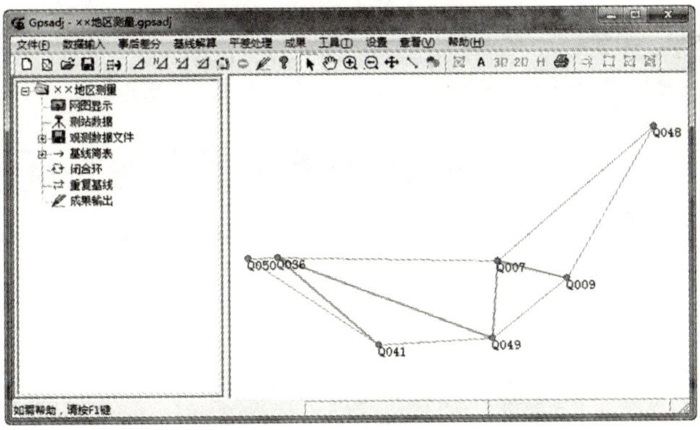

图 3-19 观测网形

过程若想中断，请单击"停止"。基线处理完全结束后，网图如图 3-20 所示，颜色已由原来的绿色变成红色或灰色。基线双差固定解方差比大于 2.5 的基线颜色变红（软件默认值 2.5），小于 2.5 的基线颜色变灰色。灰色基线方差比过低，可以进行重解。

3.4 平差计算

(1)数据录入：输入已知点坐标，给定约束条件，如图 3-21 所示。

平差处理→网平差计算，平差结果见图 3-22。

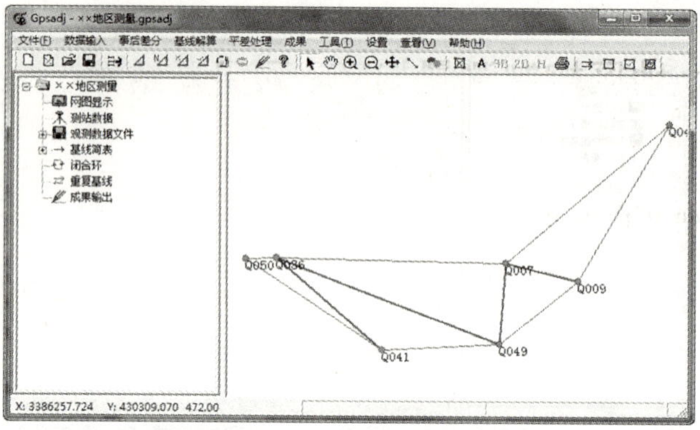

图 3-20 基线解算

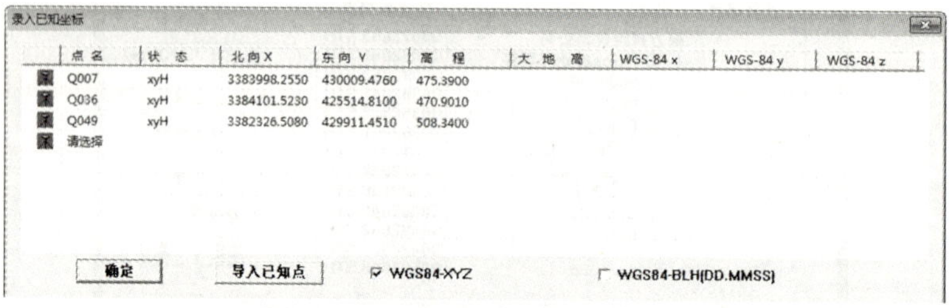

图 3-21 录入已知数据

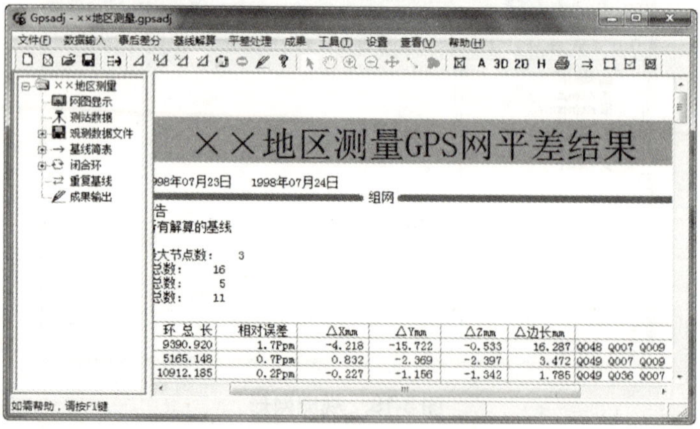

图 3-22 平差结果

3.5　输出报告

××地区控制测量 GNSS 网平差结果(节选)

WGS－84 坐标系下经典自由网平差结果

三维自由网平差单位权中误差：0.041464 m

三维自由网平差基线及其改正

基线名	基线 △X	基线 △Y	基线 △Z	△X 改正 (mm)	△Y 改正 (mm)	△Z 改正 (mm)	相对误差	平差后距离	改正限差	中误差
Q0092041—Q0072041	1438.6853	165.4926	301.3684	3.8728	－10.5046	－12.9558	1:114322	1479.1977	10.03	0.0129
Q0092052—Q0072052	1438.6901	165.4688	301.3531	－0.9116	13.2574	2.3468	1:149508	1479.1977	10.03	0.0099
Q0072053—Q0362051	4367.0072	1066.5468	60.6156	0.5109	－2.6962	－13.1728	1:251910	4495.7697	16.21	0.0178
Q0412041—Q0362041	2255.5862	－387.0621	1559.6051	2.0904	－6.1863	－1.2043	1:214853	2769.4521	12.25	0.0129
Q0412042—Q0362042	2255.5871	－387.0768	1559.6013	1.1566	8.5228	2.5889	1:262286	2769.4521	12.25	0.0106
Q0072041—Q0482048	－2763.4156	－2163.5745	2436.6201	－0.6581	6.3213	－2.2656	1:299040	4272.5406	15.66	0.0143
Q0092041—Q0482048	－1324.7260	－1998.0803	2737.9704	－1.0556	－5.7731	2.9166	1:289693	3639.1960	14.15	0.0126
Q0362042—Q0492048	－4499.1973	－193.3427	－1483.7688	－2.5442	－6.0098	－7.3134	1:540642	4741.4950	16.83	0.0088
Q0492053—Q0362051	4499.2004	193.3602	1483.7895	－0.5075	－11.4699	－13.4390	1:336106	4741.4950	16.83	0.0141
Q0412042—Q0492048	－2243.6104	－580.4184	75.8317	－1.2169	1.3313	－3.8254	1:232250	2318.7123	11.37	0.0100
Q0072052—Q0492052	－132.1872	873.1917	－1423.1770	－5.0353	3.7093	3.3929	1:157101	1674.9233	10.31	0.0107
Q0072053—Q0492053	－132.1932	873.1890	－1423.1764	1.0241	6.4224	2.8084	1:123814	1674.9233	10.31	0.0135
Q0092052—Q0492052	1306.5004	1038.6724	－1121.8168	－3.4746	5.0803	－1.3612	1:193905	2011.0349	10.84	0.0104
Q0362041—Q0502048	579.8350	194.2462	11.0369	－1.1011	2.6664	0.0153	1:47437	611.6059	9.19	0.0129
Q0412041—Q0502048	2835.4211	－192.8169	1570.6408	1.0862	－2.6012	0.0599	1:231563	3247.1081	13.26	0.0140

平差后 WGS－84 坐标和点位精度

ID	状态	X	Y	Z	X 偏移 (mm)	Y 偏移 (mm)	Z 偏移 (mm)	点名
Q009	固定	－1356361.840	5326908.662	3225288.961	0.000	0.000	0.000	Q009
Q007		－1354923.150	5327074.144	3225590.316	1.886	4.185	3.215	Q007
Q036		－1350556.143	5328140.688	3225650.919	2.017	4.933	3.729	Q036
Q041		－1352811.731	5328527.756	3224091.315	2.225	5.232	3.846	Q041
Q048		－1357686.567	5324910.576	3228026.934	2.429	4.899	3.207	Q048
Q049		－1355055.343	5327947.339	3224167.143	1.960	4.617	3.543	Q049
Q050		－1349976.309	5328334.937	3225661.956	2.835	6.336	4.548	Q050

ID	状态	B	L	H	B 偏移 (s)	L 偏移 (s)	H 偏移 (mm)	点名
Q009	固定	30.57048253N	104.28535293E	598.230	0.00000	0.00000	0.000	Q009
Q007		30.57371474N	104.27039454E	584.090	0.00007	0.00005	5.018	Q007
Q036		30.57437339N	104.22353802E	579.626	0.00008	0.00006	5.774	Q036
Q041		30.55799665N	104.24533397E	587.122	0.00008	0.00007	6.053	Q041
Q048		30.59912622N	104.30387847E	606.077	0.00006	0.00007	5.724	Q048
Q049		30.55863138N	104.26948649E	617.075	0.00007	0.00005	5.500	Q049
Q050		30.57424870N	104.21718179E	624.724	0.00009	0.00009	7.396	Q050

当前坐标系统：CGCS－2000

椭球长半径：6378137.000000　椭球扁率:1/298.257222101

控制等级：E 级－2009

M_0：1.000000　　H = :0.000(投影高)

B_0：0.000000000N　　L_0 = ：0.000000000E（中央子午线）105.000000000E

N_0：0.000000(北向加)　　E_0 = :500000.000(东向加)

采用网配合法进行转换

基线名	△X 改正(mm)	△Y 改正(mm)	相对误差	距离
Q009—Q007	0.0739	-0.9521	1:450329	1479.1495
Q007—Q036	0.5527	1.3993	1:1928363	4495.8522
Q041—Q036	0.3165	-0.4770	1:1430571	2769.5003
Q007—Q048	-0.0254	0.2720	1:1195021	4272.5276
Q009—Q048	0.0484	-0.6801	1:930341	3639.2152
Q036—Q049	-0.7795	1.0718	1:2755865	4741.4270
Q041—Q049	-0.4629	0.5948	1:1061804	2318.5523
Q007—Q049	-0.2268	2.4711	1:807706	1674.6184
Q009—Q049	-0.1529	1.5190	1:561368	2010.9652
Q036—Q050	-0.1516	0.2155	1:182679	609.9533
Q041—Q050	0.1649	-0.2614	1:972105	3246.9489

单位权中误差:0.003299 m

平差后坐标和点位精度

ID	X 坐标	Y 坐标	R_{ms}(mm)	dx(mm)	dy(mm)	点名
Q009	3383630.6344	431442.2141	0.7112	0.5927	0.3932	Q009
Q007	3383998.2550	430009.4760	0.0000	0.0000	0.0000	Q007
Q036	3384101.5230	425514.8100	0.0000	0.0000	0.0000	Q036
Q041	3382271.5048	427593.5512	2.2552	1.8617	1.2728	Q041
Q048	3386795.1968	433239.2762	1.9179	1.4284	1.2799	Q048
Q049	3382326.5080	429911.4510	0.0000	0.0000	0.0000	Q049

Q050	3384091.9453	424904.9319	2.6483	2.0681	1.6543	Q050

参数拟合高程

-108.719548

内符合精度中误差：±18.168 mm

拟合后高程残差

点号	正常高(高程)	大地高	正常高(拟合)	差值	R_{ms}(mm)
Q007	475.3900	584.0901	475.3706	-0.0194	2.2631
Q036	470.9010	579.6263	470.9068	0.0058	2.4090
Q049	508.3400	617.0753	508.3558	0.0158	2.3573

拟合高程

ID	正常高(高程)	大地高	R_{ms}(mm)	点名
Q009	489.5105	598.2300	0.7717	Q009
Q041	478.4029	587.1224	2.4608	Q041
Q048	497.3576	606.0772	2.3997	Q048
Q050	516.0044	624.7239	2.6956	Q050

ID	坐标 X	坐标 Y	高程	L_{at}	L_{on}	点名
Q007	3383998.2550	430009.4760	475.3900	30.57423528N	104.27037879E	Q007
Q036	3384101.5230	425514.8100	470.9010	30.57489566N	104.22351992E	Q036
Q049	3382326.5080	429911.4510	508.3400	30.55915126N	104.26946999E	Q049
Q009	3383630.6344	431442.2141	489.5105	30.57100238N	104.28533780E	Q009
Q041	3382271.5048	427593.5512	478.4029	30.55851738N	104.24531619E	Q041
Q048	3386795.1968	433239.2762	497.3576	30.59964671N	104.30386567E	Q048
Q050	3384091.9453	424904.9319	516.0044	30.57477120N	104.21716336E	Q050

参数结果

D_x平移(m)：61.182

D_y平移(m)：-243.993

D_z平移(m)：-148.515

R_x旋转(s)：-3.659592

R_y旋转(s)：6.750600

R_z旋转(s)：4.457097

SF 尺度(ppm)：28.749259

学习单元 3.3 全球定位系统(GPS)测量规范

1 范围

本标准规定了利用全球定位系统(GPS)静态测量技术,建立 GPS 控制网的布设原则、测量方法、精度指标和技术要求。

本标准适用于国家和局部 GPS 控制网的设计、布测和数据处理。

2 规范性引用文件

下列文件中的条款通过本标准的引用而成为本标准的条款。凡是注日期的引用文件,其随后所有的修改单(不包括勘误的内容)或修订版均不适用于本标准,然而,鼓励根据本标准达成协议的各方研究是否可使用这些文件的最新版本。凡是不注日期的引用文件,其最新版本适用于本标准。

《国家一、二等水准测量规范》(GB/T 12897)。

《国家三、四等水准测量规范》(GB/T 12898)。

《国家三角测量规范》(GB/T 17942)。

《测绘产品检查验收规定》(CH 1002)。

《测绘产品质量评定标准》(CH 1003)

《测绘技术设计规定》(CH/T 1004)

《全球导航卫星系统连续运行参考站网建设规范》(CH/T 2008)

《全球定位系统(GPS)测量型接收机检定规程》(CH/T 8016)

3 术语和定义

下列术语和定义适用于本标准。

3.1 **观测时段** observation session

测站上开始接收卫星信号到停止接收,连续观测的时间间隔,简称时段。

3.2 **同步观测** simultaneous observation

两台或两台以上接收机同时对同一组卫星进行的观测。

3.3 **同步观测环** simultaneous observation loop

三台或三台以上接收机同步观测所获得的基线向量构成的闭合环。

3.4 **异步观测环** independent observation loop

由非同步观测获得的基线向量构成的闭合环。

3.5 **数据剔除率** percentage of data rejection

同一时段中,删除的观测值个数与获取的观测值总数的比值。

3.6 **GPS 静态定位** static GPS positioning

通过在多个测站上进行同步观测,确定测站之间相对位置的 GPS 定位测量。

3.7 卫星定位连续运行基准站 continuously operating reference station, CORS

由卫星定位系统接收机(含天线)、计算机、气象设备、通信设备及电源设备、观测墩等构成的观测系统。它长期连续跟踪观测卫星信号,通过数据通信网络定时、实时或按数据中心的要求将观测数据传输到数据中心。它可独立或组网提供实时、快速或事后的数据服务。

3.8 单基线解 single baseline solution

在多台 GPS 接收机同步观测中,每次选取两台接收机的 GPS 观测数据解算相应的基线向量。

3.9 多基线解 multi-baseline solution

从 $m(m \geqslant 3)$ 台 GPS 接收机同步观测值中,由 $m-1$ 条独立基线构成观测方程,统一解算 $m-1$ 条基线向量。

3.10 国际导航卫星系统服务 international GNSS service, IGS

提供全球导航卫星系统,包括 GPS、GLONASS、GALILEO 等卫星星历,卫星钟差以及相应卫星系统的地面基准站坐标等方面信息的国际组织。

4 基本规定

(1)GPS 测量采用 2000 国家大地坐标系统,其定义和参考椭球参数见附录 A。GPS 测量采用 GPS 时间系统。手簿记录宜采用世界协调时(UTC)。

(2)用于各级 GPS 网测量的仪器应经法定计量检定合格,并在其检验有效期内使用。

(3)各级 GPS 网测量采用中误差作为精度的技术指标,以 2 倍中误差作为极限误差。

(4)当需要提供 1980 西安坐标系、1954 年北京坐标系或其他坐标系成果时,应按坐标转换方法求得这些坐标系中的坐标。1980 西安坐标系及 1954 年北京坐标系的参考椭球基本参数见本节“附录 A 大地坐标系的有关说明”。

5 级别划分和测量精度

5.1 级别划分

GPS 测量按精度和用途分为 A、B、C、D、E 级。

5.2 测量精度

(1)A 级 GPS 网由卫星定位连续运行基准站构成,其精度应不低于表 3-2 的要求。

表 3-2 A 级 GPS 网精度

级别	坐标年变化率中误差		相对精度	地心坐标各分量年平均中误差(mm)
	水平分量(mm/a)	垂直分量(mm/a)		
A	2	3	1×10^{-8}	0.5

(2)B、C、D 和 E 级 GPS 网的精度应不低于表 3-3 的要求。

表3-3 B、C、D和E级GPS网精度

级别	相邻点基线分量中误差		相邻点间平均距离(km)
	水平分量(mm)	垂直分量(mm)	
B	5	10	50
C	10	20	20
D	20	40	5
E	20	40	3

(3)用于建立国家二等大地控制网和三、四等大地控制网的GPS测量,在满足(2)规定的B、C和D级精度要求的基础上,其相对精度应分别不低于1×10^{-7}、1×10^{-6}和1×10^{-5}。

(4)各级GPS网点相邻点的GPS测量大地高差的精度,应不低于表3-3规定的各级相邻点基线垂直分量的要求。

5.3 用途

(1)用于建立国家一等大地控制网。进行全球性的地球动力学研究、地壳形变测量和精密定轨等的GPS测量,应满足A级GPS测量的精度要求。

(2)用于建立国家二等大地控制网,建立地方或城市坐标基准框架、区域性的地球动力学研究、地壳形变测量、局部形变监测和各种精密工程测量等的GPS测量,应满足B级GPS测量的精度要求。

(3)用于建立三等大地控制网,以及建立区域、城市及工程测量的基本控制网等的GPS测量,应满足C级GPS测量的精度要求。

(4)用于建立四等大地控制网的GPS测量应满足D级GPS测量的精度要求。

(5)用于中小城市、城镇以及测图、地籍、土地信息、房产、物探、勘测、建筑施工等的控制测量等的GPS测量,应满足D、E级GPS测量的精度要求。

6 布设的原则

6.1 基本原则

(1)各级GPS网一般逐级布设,在保证精度、密度等技术要求时可跨级布设。

(2)各级GPS网的布设应根据其布设目的、精度要求、卫星状况、接收机类型和数量、测区已有的资料、测区地形和交通状况以及作业效率等因素综合考虑,按照优化设计原则进行。

(3)各级GPS网最简异步观测环或附合路线的边数应不大于表3-4的规定。

表3-4 异步观测环或附合路线边数规定

级别	B	C	D	E
闭合环或附合路线的边数(条)	6	6	8	10

(4)各级GPS网点位应均匀分布,相邻点间距离最大不宜超过平均点间距的2倍。

(5)新布设的GPS网应与附近已有的国家高等级GPS点进行联测,联测点数不应少于3点。

(6)为求定GPS点在某一参考坐标系中坐标,应与该参考坐标系中的原有控制点联测,联测的总点数不应少于3点。在需用常规测量方法加密控制网的地区,D、E级网点应有1~2方向通视。

(7)A、B级网应逐点联测高程,C级网应根据区域似大地水准面精化要求联测高程,D、E级网可依具体情况联测高程。

(8)A、B级网点的高程联测精度应不低于二等水准测量精度,C级网点的高程联测精度应不低于三等水准测量精度,D、E级网点按四等水准测量或与其精度相当的方法进行高程联测。各级网高程联测的测量方法和技术要求应按GB/T 12897或GB/T 12898规定执行。

(9)B、C、D、E级网布设时,测区内高于施测级别的GPS网点均应作为本级别GPS网的控制点(或框架点),并在观测时纳入相应级别的GPS网中一并施测。

(10)在局部补充、加密低等级的GPS网点时,采用的高等级GPS网点点数应不少于4个。

(11)各级GPS网按观测方法可采用基于A级点、区域卫星连续运行基准站网、临时连续运行基准站网等的点观测模式,或以多个同步观测环为基本组成的网观测模式。网观测模式中的同步环之间,应以边连接或点连接的方式进行网的构建。

(12)采用GPS测量建立各等级大地控制网时,其布设还应遵循以下原则:

①用于国家一等大地控制网时,其点位应均匀分布,覆盖我国国土。在满足条件的情况下,点位宜布设在国家一等水准路线附近或国家一等水准网的结点处。

②用于国家二等大地控制网时,应综合考虑应用服务和对国家一、二等水准网的大尺度稳定性监测等因素,统一设计,布设成连续网。点位应在均匀分布的基础上,尽可能与国家一、二等水准网的结点、已有国家高等级GPS点、地壳形变监测网点、基本验潮站等重合。

③用于三等大地控制网布测时,应满足国家基本比例尺测图的基本需求,并结合水准测量、重力测量技术,精化区域似大地水准面。

6.2 GPS点命名

(1)GPS点名应以该点位所在地命名,无法区分时可在点名后加注(一)、(二)等予以区别。少数民族地区应使用规范的音译汉语名,在译音后可附上原文。

(2)新旧点重合时,应采用旧点名,不得更改。如原点位所在地名称已变更,应在新点名后以括号注明旧点名。如与水准点重合,应在新点名后以括号注明水准点等级和编号。

(3)点名书写应准确、正规,一律以国务院公布的简化汉字为准。

(4)当对GPS点编制点号时,应整体考虑,统一编号,点号应唯一,且适于计算机管理。

6.3 技术设计

(1)GPS网布测前应进行技术设计,以得到最优的布测方案。技术设计书的格式、内容、要求与审批程序按照CH/T 1004执行。

(2)技术设计前应收集以下资料,并应对资料进行分析研究,必要时应进行实地勘察:

①测区范围既有的国家三角点、导线点、天文重力水准点、水准点、甚长基线干涉测量站、卫星激光测距站、天文台和已有的GPS站点资料,包括点之记、网图、成果表、技术总结等。

②测区范围内有关的地形图、交通图及测区总体建设规划和近期发展方面的资料。若任务需要,还应收集有关的地震、地质资料、验潮站等相关资料。

(3)技术设计后应上交以下资料:

①技术设计书与专业设计书(附GPS点位设计图)。

②野外踏勘技术总结等。

7 选点

7.1 选点准备

(1)选点人员在实地选点前,应收集有关布网任务与测区的资料,包括测区1∶50 000或更大比例尺地形图,已有各类控制点、卫星定位连续运行基准站的资料等。

(2)选点人员应充分了解和研究测区情况,特别是交通、通信、供电、气象、地质及大地点等情况。

7.2 点位基本要求

(1)各级GPS点点位的基本要求如下:

①应便于安置接收设备和操作,视野开阔,视场内障碍物的高度角不宜超过15°。

②远离大功率无线电发射源(如电视台、电台、微波站等),其距离不小于200 m;远离高压输电线和微波无线电信号传送通道,其距离不应小于50 m。

③附近不应有强烈反射卫星信号的物件(如大型建筑物等)。

④交通方便,并有利于其他测量手段扩展和联测。

⑤地面基础稳定,易于标石的长期保存。

⑥充分利用符合要求的已有控制点。

⑦选站时应尽可能使测站附近的局部环境(地形、地貌、植被等)与周围的大环境保持一致,以减少气象元素的代表性误差。

(2)A级GPS点点位还应符合CH/T 2008的有关规定。

7.3 辅助点与方位点

(1)非基岩的A、B级GPS点的附近宜埋设辅助点,并测定其与该点的距离和高差,精度应优于±5 mm。

(2)各级GPS网点可视需要设立与其通视的方位点,方位点应目标明显,观测方便,方位点距网点的距离一般不小于300 m。

7.4 选点作业

(1)选点人员应按照技术设计书经过踏勘,在实地按 7.2 的要求选定点位,并在实地加以标定。

(2)当利用旧点时,应检查旧点的稳定性、可靠性和完好性,符合要求方可利用。

(3)需要水准联测的 GPS 点,应实地踏勘水准路线情况,选择联测水准点并绘出联测路线图。

(4)不论新选定的点或利用旧点(包括辅助点与方位点),均应实地按"附录 B 选点与埋石资料及其说明"的要求绘制点之记,其内容要求在现场详细记录,不得追记。

(5)A、B 级 GPS 网点在其点之记中应填写地质概要、构造背景及地形地质构造略图。

(6)点位周围有高于 10°的障碍物时,应绘制点的环视图,其形式见"附录 B 选点与埋石资料及其说明"。

(7)一个网区选点完成后,应绘制 GPS 网选点图。

7.5 选点后应上交的资料

选点结束后应上交下列资料:

(1)GPS 网点点之记、环视图。

(2)GPS 网选点图(测区较小,选点、埋石与观测一起完成时,可以展点图代替)。

(3)选点工作总结。

8 埋石

8.1 标石

(1)各级 GPS 点均应埋设固定的标石或标志。

(2)GPS 点标石类型分为天线墩、基本标石和普通标石(各种标石的规格见"附录 B 选点与埋石资料及其说明")。A 级 GPS 点标石与相关设施的技术要求按 CH/T 2008 的有关规定执行。B 级 GPS 点应埋设天线墩,C、D、E 级 GPS 点在满足标石稳定、易于长期保存的前提下,可根据具体情况选用。

(3)各种类型的标石应设有中心标志。基岩和基本标石的中心标志应用铜或不锈钢制作。普通标石的中心标志可用铁或坚硬的复合材料制作。标志中心应刻有清晰、精细的十字线或嵌入不同颜色金属(不锈钢或铜)制作的直径小于 0.5 mm 的中心点。用于区域似大地水准面精化的 GPS 点,其标志还应满足水准测量的要求。

(4)各种天线墩应安置强制对中装置。强制对中装置的对中误差不应大于 1 mm。

8.2 埋石作业

(1)标石应用混凝土灌制。在有条件的地区,也可用整块花岗石、青石等坚硬石料凿制,但其规格应不小于同类标石的规定。

(2)埋设天线墩、基岩标石、基本标石时,应现场浇灌混凝土。普通标石可预先制做,然后运往各点埋设。

(3)埋设标石,须使各层标志中心严格在同一铅垂线上,其偏差不应大于 2 mm。

(4)当利用旧点时,应首先确认该点标石完好,并符合相应规格和埋石要求,且能长期保存。必要时需要挖开标石侧面查看标石情况。如遇上标石被破坏,可以下标石为准,重埋上标石。

(5)方位点应埋设普通标石，并加适当标注，以便与控制点相区分。

(6)埋石所占土地，应经土地使用者或管理部门同意，并办理相应手续。新埋标石时应办理测量标志委托保管书，一式三份，交标石的保管单位或个人，上交和存档各一份。利用旧点时需对委托保管书进行核实，若委托保管情况不落实应重新办理。

(7)B、C 级 GPS 网点标石埋设后，至少需经过一个雨季，冻土地区至少需经过一个冻解期，基岩或岩层标石至少需经一个月后，方可用于观测。

8.3 标石外部整饰

(1)B、C、D、E 级 GPS 点混凝土标石灌制时，均应在标石上表面压印控制点的类级、埋设年代，B、C 级 GPS 点还应在标石侧面压印“国家设施　请勿碰动”字样。

(2)B 级 GPS 网点标石埋设后，宜在周围砌筑混凝土方井或圆井护框，其内径根据情况而定，但至少不小于 0.6 m，高为 0.2 m。

(3)荒漠或平原不易寻找的控制点还需在其近旁埋设指示碑，其规格参见 GB/T 12898。

8.4 关键工序的控制

在标石建造的施工现场，应拍摄下列照片：

(1)钢筋骨架照片，应能反映骨架捆扎的形状和尺寸。

(2)标石坑照片，应能反映标石坑和基座坑的形状和尺寸。

(3)基座建造后照片，应能反映基座的形状及钢筋骨架或预制涵管安置是否正确。

(4)标志安置照片，应能反映标志安置是否平直、端正。

(5)标石整饰后照片，应能反映标石整饰是否规范。

(6)标石埋设位置远景照片，应能反映标石埋设位置的地物、地貌景观。

8.5 埋石后上交的资料

埋石结束后应上交以下资料：

(1)GPS 点之记。

(2)测量标志委托保管书。

(3)标石建造拍摄的照片。

(4)埋石工作总结。

9 仪器

9.1 接收机选用

A 级网测量采用的 GPS 接收机的选用按 CH/T 2008 的有关规定执行，B、C、D、E 级 GPS 网按表 3-5 规定执行。

表 3-5　接收机选用规定

级　别	B	C	D、E
单频/双频	双频/全波长	双频/全波长	双频或单频
观测量至少有	L1、L2 载波相位	L1、L2 载波相位	L1 载波相位
同步观测接收机数	≥4	≥3	≥2

9.2　仪器检验

9.2.1　接收机检验

（1）新购置的GPS接收机，以及当接收机天线受到强烈撞击，或更新接收机部件后，或更新天线与接收机的匹配关系后的接收机，应按规定进行全面检验后使用。

（2）GPS接收机检验的内容、方法和技术要求，按CH/T 8016规定执行。

（3）不同类型的接收机参加共同作业时，应在已知基线上进行比对测试，超过相应等级限差时不得使用。

（4）天线或基座的圆水准器、光学对中器、天线高量尺，在作业期间至少1个月检校一次。

9.2.2　辅助设备检验

GPS测量所用通风干湿表、空盒气压表和其他辅助设备应定期送计量检定部门检验，并在有效期内使用。气象仪表的主要技术要求见GB/T 18314—2009附录C。

9.3　仪器维护

（1）GPS接收机等仪器应指定专人保管，不论采用何种运输方式，均应有专人押运，并应采取防震措施，不得碰撞、倒置或重压。

（2）作业期间，应严格遵守技术规定和操作要求，未经允许非作业人员不得擅自操作仪器。

（3）接收仪器应注意防震、防潮、防晒、防尘、防蚀、防辐射；电缆线不应扭折，不应在地面拖拉、辗砸，其接头和连接器应保持清洁。

（4）作业结束后，应及时擦净接收机上的水汽和尘埃，及时存放在仪器箱内。仪器箱应置于通风、干燥阴凉处，箱内干燥剂呈粉红色时，应及时更换。

（5）仪器交接时应按规定的一般检视的项目进行检查，并填写交接情况记录。

（6）接收机在使用外接电源前，应检查电源电压是否正常，电池正负极切勿接反。

（7）当天线置于楼顶、高标及其他设施的顶端作业时，应采取加固措施，雷雨天气时应有避雷设施或停止观测。

（8）接收机在室内存放期间，室内应定期通风，每隔1～2个月应通电检查一次，接收机内电池要保持充满电状态，外接电池应按其要求按时充放电。

（9）严禁拆卸接收机各部件，天线电缆不得擅自切割改装、改换型号或接长。如发生故障，应认真记录并报告有关部门，请专业人员维修。

10　观测

10.1　基本技术规定

（1）A级GPS网观测的技术要求按CH/T 2008的有关规定执行。

（2）B、C、D、E级GPS网观测的基本技术规定应符合表3-6的要求。

表 3-6 B、C、D、E 级 GPS 网观测的技术规定

项目	级别			
	B	C	D	E
卫星截止高度角(°)	10	15	15	15
同时观测有效卫星数	≥4	≥4	≥4	≥4
有效观测卫星总数	≥20	≥6	≥4	≥4
观测时段数	≥3	≥2	≥1.6	≥1.6
时段长度	≥23 h	≥4 h	≥60 min	≥40 min
采样间隔(s)	30	10 ~ 30	5 ~ 15	5 ~ 15

注:1. 计算有效观测卫星总数时,应将各时段的有效观测卫星数扣除其间的重复卫星数。

2. 观测时段长度,应为开始记录数据到结束记录的时间段。

3. 观测时段数≥1.6,指采用网观测模式时,每站至少观测一时段,其中二次设站点数应不少于 GPS 网总点数的 60%。

4. 采用基于卫星定位连续运行基准站点观测模式时,可连续观测,但观测时间应不低于表中规定的各时段观测时间的和。

(3)B、C、D、E 级 GPS 网测量可不观测气象元素,而只记录天气状况。

(4)GPS 测量时,观测数据文件名中应包含测站名或测站号、观测单元、测站类型、日期、时段号等信息。

(5)雷电、风暴天气时,不宜进行 B 级网 GPS 观测。

10.2 观测区的划分

(1)B、C、D、E 级 GPS 网的布测视测区范围的大小,可实行分区观测。当实行分区观测时,相邻分区间至少应有 4 个公共点。

(2)任一个同步观测子区或观测单元子区参加观测的接收机台数应符合表 3-5 的规定。

10.3 观测计划

作业调度者根据测区地形和交通状况、采用的 GPS 作业方法设计的基线的最短观测时间等因素综合考虑,编制观测计划表,按该表对作业组下达相应阶段的作业调度命令。同时依照实际作业的进展情况,及时做出必要的调整。

10.4 观测前的准备

(1)GPS 接收机在开始观测前,应进行预热和静置,具体要求按接收机操作手册进行。

(2)天线安置应符合下列要求:

①用三脚架安置天线时,其对中误差不应大于 1 mm;

②B 级 GPS 测量,天线定向标志线应指向正北,考虑当地磁偏角修正后,其定向误差应不大于 ±5°,对于定向标志不明显的接收机天线,可预先设置标记,每次按此标记安置仪器;

③天线集成体上的圆水准气泡必须居中,没有圆水准气泡的天线,可调整天线基座脚

螺旋,使在天线互为120°方向上量取的天线高互差小于3 mm。

10.5 观测作业的要求

(1)观测组应严格按规定的时间进行作业。

(2)经检查接收机电源电缆和天线等各项连接无误,方可开机。

(3)开机后经检验有关指示灯与仪表显示正常后,方可进行自测试并输入测站、观测单元和时段等控制信息。

(4)接收机启动前与作业过程中,应随时逐项填写测量手簿中的记录项目,测量手簿格式、记录内容及要求见"附录D 测量手簿记录及有关要求"。

(5)接收机开始记录数据后,观测员可使用专用功能键和选择菜单,查看测站信息、接收卫星数、卫星号、卫星健康状况、各通道信噪比、相位测量残差、实时定位的结果及其变化、存储介质记录和电源情况等,如发现异常情况或未预料到的情况,应记录在测量手簿的备注栏内,并及时报告作业调度者。

(6)每时段观测开始及结束前各记录一次观测卫星号、天气状况、实时定位经纬度和大地高、PDOP值等。一次在时段开始时,一次在时段结束时。时段长度超过2 h,应每当UTC整点时增加观测记录上述内容一次,夜间放宽到4 h。

(7)每时段观测前后应各量取天线高一次,其测量方法及要求见"附录D 测量手簿记录及有关要求"。两次量高之差不应大于3 mm,取平均值作为最后天线高。若互差超限,应查明原因,提出处理意见记入测量手簿记事栏。

(8)除特殊情况外,不宜进行偏心观测。若实施偏心观测,应测定归心元素,其方法可参考GB/T 18314—2009附录E或GB/T 17942。

(9)观测员要细心操作,观测期间防止接收设备震动,更不得移动,要防止人员和其他物体碰动天线或阻挡信号。

(10)观测期间,不应在天线附近50 m以内使用电台,10 m以内使用对讲机。

(11)天气太冷时,接收机应适当保暖;天气很热时,接收机应避免阳光直接照晒,确保接收机正常工作。

(12)一时段观测过程中不应进行以下操作:

①接收机重新启动;

②进行自测试;

③改变卫星截止高度角;

④改变数据采样间隔;

⑤改变天线位置;

⑥按动关闭文件和删除文件等功能键。

(13)经检查,所有规定作业项目均已全面完成,并符合要求,记录与资料完整无误,方可迁站。

11 外业成果记录

11.1 A级GPS网外业成果记录

A级GPS网外业成果记录的内容和要求按CH/T 2008的有关规定执行。

11.2 B、C、D、E 级 GPS 网外业成果记录

11.2.1 记录类型

GPS 测量作业所获取的成果记录应包括以下三类:①观测数据;②测量手簿;③其他记录,包括偏心观测资料等。

11.2.2 记录内容

(1)观测记录项目应包括以下主要内容:

①观测数据(原始观测数据和 Rinex 格式数据);

②对应观测值的 GPS 时间;

③测站和接收机初始信息:测站名、测站号、观测单元号、时段号、近似坐标及高程、天线及接收机型号和编号、天线高与天线高量位置及方式、观测日期、采样间隔、卫星截止高度角。

(2)测量手簿格式见"附录 D　测量手簿记录及有关要求"。

11.2.3 记录要求

(1)观测前和观测过程中应按要求及时填写各项内容,书写要认真细致,字迹清晰、工整、美观。

(2)测量手簿各项观测记录一律使用铅笔,不应刮、涂改,不应转抄或追记,如有读、记错误,可整齐划掉,将正确数据写在上面并注明原因。其中,天线高、气象读数等原始记录不应连环涂改。

(3)手簿整饰,存储介质注记和各种计算一律使用蓝黑墨水书写。

(4)外业观测中接收机内存储介质上的数据文件应及时拷贝成一式两份,并在外存储介质外面适当处制贴标签,注明网区名、点名、点号、观测单元号、时段号、文件名、采集日期、测量手簿编号等。两份存储介质应分别保存在专人保管的防水、防静电的资料箱内。

(5)接收机内所存数据文件卸载到外存储介质上时,不应进行剔除、删改或编辑。

(6)测量手簿应事先连续编印页码并装订成册,不应缺损。其他记录,应分别装订成册。

12 数据处理

12.1 基本要求

(1)A、B 级 GPS 网基线数据处理应采用高精度数据处理专用的软件,C、D、E 级 GPS 网基线解算可采用随接收机配备的商用软件。

(2)数据处理软件应经有关部门的试验鉴定并经业务部门批准方能使用。

(3)A 级 GPS 网应以适当数量和分布均匀的 IGS 站的坐标和原始观测数据为起算数据;B 级 GPS 网以适当数量和分布均匀的 A 级 GPS 网点或 IGS 站的坐标和原始观测数据为起算数据;C、D、E 级 GPS 网以适当数量和分布均匀的 A、B 级 GPS 网网点的坐标和原始观测数据为起算数据。

(4)各种起算数据应进行数据完整性、正确性和可靠性检核。

12.2　外业数据质量检核

(1)同一时段观测值的数据剔除率不宜大于10%。

(2)采用点观测模式时,不同点间不进行重复基线、同步环和异步环的数据检验,但同一点不同时段的基线数据应按(4)~(7)进行各种数据检验。

(3)A 级 GPS 网观测数据的检核按 CH/T 2008 的有关规定执行。

(4)B 级 GPS 网基线外业预处理和 C、D、E 级 GPS 网基线处理,复测基线的长度较差 d_S 应满足式(3-5)的规定

$$d_S \leqslant 2\sqrt{2}\sigma \tag{3-5}$$

式中:σ 为基线测量中误差,mm,其计算按(5)规定执行。

(5)B、C、D、E 级 GPS 网基线测量中误差 σ 采用外业测量时使用的 GPS 接收机的标称精度。计算时边长按实际平均边长计算。

(6)B、C、D、E 级 GPS 网同步环闭合差,不宜超过"附录 F　同步观测环检核"的规定。

(7)B、C、D、E 级 GPS 网外业基线处理结果,其独立闭合环或附合路线坐标闭合差 W_S 和各坐标分量闭合差(W_X、W_Y、W_Z)应满足式(3-6)的规定。

$$\left.\begin{aligned} W_X &\leqslant 3\sqrt{n}\sigma \\ W_Y &\leqslant 3\sqrt{n}\sigma \\ W_Z &\leqslant 3\sqrt{n}\sigma \\ W_S &\leqslant 3\sqrt{3n}\sigma \end{aligned}\right\} \tag{3-6}$$

式中:n 为闭合环边数;σ 为基线测量中误差,mm,其计算按(5)规定执行;$W_S = \sqrt{W_X^2 + W_Y^2 + W_Z^2}$。

12.3　基线向量解算

12.3.1　准备工作

基线向量解算前应进行以下准备:

(1)基线解算前,应按规范、技术设计和 CH/T 1002 的要求及时对外业全部资料全面检查和验收,其重点包括成果是否符合规范要求,观测数据质量分析是否合理等。

(2)当采用不同类型接收机时,应将观测数据转换成标准交换格式。

(3)高标点、偏心观测点,应根据天线高记录、投影手簿或归心用纸等计算归心改正数,计算公式见 GB/T 18314—2009 附录 E 或 GB/T 17942 的有关规定。

12.3.2　解算方案

解算方案要求如下:

(1)根据外业施测的精度要求和实际情况、软件的功能和精度,可采用多基线解或单基线解。

(2)起算点的选取应根据测量已知点的情况确定坐标起算点,每个同步观测图形应至少选定一个起算点。

12.3.3　基线向量解算

基线向量解算基本要求如下:

(1)A、B 级 GPS 网基线精处理应采用精密星历。C 级及以下各级网基线处理时,可采用广播星历。

(2)B、C、D、E 级网 GPS 观测值均应加入对流层延迟修正,对流层延迟修正模型中的气象元素可采用标准气象元素。

(3)基线解算,按同步观测时段为单位进行。按多基线解时,每个时段须提供一组独立基线向量及其完全的方差—协方差阵;按单基线解时,须提供每条基线分量及其方差—协方差阵。

(4)B、C 级 GPS 网,基线解算可采用双差解、单差解。D、E 级 GPS 网根据基线长度允许采用不同的数据处理模型。但是长度小于 15 km 的基线,应采用双差固定解。长度大于 15 km 的基线可在双差固定解和双差浮点解中选择最优结果。

12.4 A、B 级 GPS 网基线处理结果质量检核

(1)A、B 级 GPS 网基线处理后应计算基线的分量 ΔX、ΔY、ΔZ 及边长的重复性,还应对各基线边长、南北分量、东西分量和垂直分量的复复性进行固定误差与比例误差的直线拟合,作为衡量基线精度的参考指标。重复性定义见式(3-7)

$$R = \left[\frac{\dfrac{n}{n-1} \cdot \sum_{i=1}^{n} \dfrac{(C_i - C_m)^2}{\sigma_{C_i}^2}}{\sum_{i=1}^{n} 1/\sigma_{C_i}^2} \right]^{1/2} \tag{3-7}$$

式中:n 为同一基线的总观测时段数;C_i 为一个时段的基线某一分量或边长;$\sigma_{C_i}^2$ 为该时段 i 相应于 C_i 分量的方差;C_m 为各时段的加权平均值。

(2)B 级 GPS 网同一基线和其各分量不同时段的较差(d_S、$d_{\Delta X}$、$d_{\Delta Y}$、$d_{\Delta Z}$),应满足式(3-8)的规定,式中同一基线和其各分量 R 值(R_S、$R_{\Delta X}$、$R_{\Delta Y}$、$R_{\Delta Z}$)按式(3-7)计算。

$$\left.\begin{aligned} d_{\Delta X} &\leqslant 3\sqrt{2}R_{\Delta X} \\ d_{\Delta Y} &\leqslant 3\sqrt{2}R_{\Delta Y} \\ d_{\Delta Z} &\leqslant 3\sqrt{2}R_{\Delta Z} \\ d_S &\leqslant 3\sqrt{2}R_S \end{aligned}\right\} \tag{3-8}$$

(3)B 级 GPS 网基线处理后,独立闭合环或附合路线坐标分量闭合差(W_X、W_Y、W_Z)应满足式(3-9)

$$\left.\begin{aligned} W_X &\leqslant 2\sigma_{WX} \\ W_Y &\leqslant 2\sigma_{WY} \\ W_Z &\leqslant 2\sigma_{WZ} \end{aligned}\right\} \tag{3-9}$$

其中

$$\left.\begin{aligned}\sigma_{WX}^2 &= \sum_{i=1}^{r}\sigma_{\Delta X(i)}^2\\ \sigma_{WY}^2 &= \sum_{i=1}^{r}\sigma_{\Delta Y(i)}^2\\ \sigma_{WZ}^2 &= \sum_{i=1}^{r}\sigma_{\Delta Z(i)}^2\end{aligned}\right\}\tag{3-10}$$

式(3-10)中 r 为环线中的基线数，$\sigma_{C(i)}^2$（$C=\Delta X,\Delta Y,\Delta Z$）为环线中第 i 条基线 C 分量的方差。环线全长闭合差应满足式(3-11)～式(3-14)

$$W \leqslant 3\sigma_W \tag{3-11}$$

$$\sigma_W^2 = \sum_{i=1}^{r} W D_{bi} W^{\mathrm{T}} \tag{3-12}$$

$$W = \begin{bmatrix}\dfrac{\omega_{\Delta X}}{\omega} & \dfrac{\omega_{\Delta Y}}{\omega} & \dfrac{\omega_{\Delta Z}}{\omega}\end{bmatrix} \tag{3-13}$$

$$\omega = \sqrt{\omega_{\Delta X}^2 + \omega_{\Delta Y}^2 + \omega_{\Delta Z}^2} \tag{3-14}$$

式中：D_{bi} 为环线中第 i 条基线方差—协方差阵。

12.5 重测和补测

（1）未按施测方案要求，外业缺测、漏测，或数据处理后，观测数据不满足表3-6的规定时，有关成果应及时补测。

（2）允许舍弃在复测基线边长较差、同步环闭合差、独立环或附合路线闭合差检验中超限的基线，而不必进行该基线或与该基线有关的同步图形的重测，但应保证舍弃基线后的独立环所含基线数满足表3-4的规定，否则，应重测该基线有关的同步图形。

（3）对需补测或重测的观测时段或基线，要具体分析原因，在满足表3-5要求的前提下，尽量安排一起进行同步观测。

（4）补测或重测的分析应写入数据处理报告。

12.6 GPS网平差

12.6.1 A、B级GPS网无约束平差

（1）无约束平差时，根据外业作业期的分期及作业技术要求的不同，可以分成若干子区，分别进行无约束平差。若进行相邻子区间联合无约束平差，可引入若干系统误差参数（尺度、定向等），并对每一系统误差参数进行显著性检验。

（2）无约束平差应进行方差分量因子估值 σ^2 检验和每个改正数粗差的检验。

（3）无约束平差应输出2000国家大地坐标系中各点的地心坐标和大地坐标、各基线的改正数和基线向量平差值、各基线的地心坐标分量、大地坐标分量及其精度等。

12.6.2 A、B级GPS网整体平差

（1）整体平差应在2000国家大地坐标系或国际地球参考框架（ITRF）中进行。各子网历元不同时，应利用板块运动模型和速度场进行统一归算。

（2）整体平差中，应引入起算点的全方差—协方差阵，并乘以适当的松弛因子定权。

（3）整体平差应进行验后单位权方差因子 σ^2 的检验和转换参数的显著性检验。检验后，应消去不显著的转换参数，并重新平差。

（4）整体平差后，应输出 2000 国家大地坐标系中各点的地心坐标和大地坐标、各基线的地心坐标分量和大地坐标分量、各基线改正数、平差值及其精度等。

（5）A、B 级 GPS 网平差后，其精度应分别符合表 3-2 和表 3-3 的规定，国家二等大地控制网还应符合"5.2　测量精度"中（3）的规定。

12.6.3　C、D、E 级 GPS 网无约束平差

（1）在基线向量检核符合要求后，以三维基线向量及其相应方差—协方差阵作为观测信息，以一个点在 2000 国家大地坐标系中的三维坐标作为起算依据，进行无约束平差。无约束平差应输出 2000 国家大地坐标系中各点的三维坐标、各基线向量及其改正数和其精度。

（2）无约束平差中，基线分量的改正数绝对值（$V_{\Delta X}$、$V_{\Delta Y}$、$V_{\Delta Z}$）应满足式（3-15）的要求。

$$\left.\begin{aligned} V_{\Delta X} &\leqslant 3\sigma \\ V_{\Delta Y} &\leqslant 3\sigma \\ V_{\Delta Z} &\leqslant 3\sigma \end{aligned}\right\} \tag{3-15}$$

式中：σ 为基线测量中误差，单位为毫米（mm），其计算按"12.2　外业数据质量检核"中（5）的规定执行。

12.6.4　C、D、E 级 GPS 网约束平差

（1）利用无约束平差后的观测量，应选择在 2000 国家大地坐标系或地方独立坐标系中进行三维约束平差或二维约束平差。平差中，对已知点坐标、已知距离和已知方位，可以强制约束，也可加权约束。

（2）平差结果应包括相应坐标系中的三维或二维坐标、基线向量改正数、基线边长、方位、转换参数及其相应的精度。

（3）约束平差中，基线分量改正数与经过"12.6.3　C、D、E 级 GPS 网无约束平差"中（2）规定的粗差剔除后的无约束平差结果的同一基线，相应改正数较差的绝对值（$dV_{\Delta X}$、$dV_{\Delta Y}$、$dV_{\Delta Z}$）应满足式（3-16）的要求。

$$\left.\begin{aligned} dV_{\Delta X} &\leqslant 2\sigma \\ dV_{\Delta Y} &\leqslant 2\sigma \\ dV_{\Delta Z} &\leqslant 2\sigma \end{aligned}\right\} \tag{3-16}$$

式中：σ 为基线测量中误差，单位为毫米（mm），其计算按"12.2　外业数据质量检核"中（5）的规定执行。

（4）C、D、E 级 GPS 网平差后，其精度应符合表 3-3 的规定，国家三、四等大地控制网还应符合"5.2　测量精度"中（3）的规定。

12.7　数据处理成果整理和技术总结编写

（1）基线解算、无约束平差和约束平差（或整体平差）的结果，均应拷贝到磁（光）盘和打印各一份文件。磁（光）盘要装盒，打印成果要装订成册，并要贴上标签，注明资料内容。

（2）外业技术总结应包括下列各项内容：

①测区范围与位置，自然地理条件，气候特点，交通及电信、供电等情况；

②任务来源，测区已有测量成果，项目名称，施测目的和基本精度要求；

③施测单位，施测起讫时间，作业人员数量，技术状况；

④作业技术依据；

⑤作业仪器类型、精度以及检验和使用情况；

⑥点位观测条件的评价，埋石与重合点情况；

⑦联测方法、完成各级点数与补测、重测情况，以及作业中存在问题的说明；

⑧外业观测数据质量分析与数据检核情况。

(3)内业技术总结应包含以下内容：

①数据处理方案、所采用的软件、星历、起算数据、坐标系统，历元，以及无约束平差、约束平差情况；

②误差检验及相关参数和平差结果的精度估计等；

③上交成果中尚存问题和需要说明的其他问题、建议或改进意见；

④各种附表与附图。

13 成果验收与上交资料

13.1 成果验收

(1)成果验收按 CH 1002 的规定执行。交送验收的成果，包括观测记录的存储介质及其备份。内容与数量必须齐全、完整无损，各项注记、整饰应符合要求。

(2)验收重点包括下列各项：

①实施方案是否符合规范和技术设计要求；

②补测、重测和数据剔除是否合理；

③数据处理的软件是否符合要求，处理的项目是否齐全，起算数据是否正确；

④各项技术指标是否达到要求。

(3)验收完成后，应写出成果验收报告。在验收报告中应按 CH 1003 的规定对成果质量做出评定。

13.2 上交资料

上交的资料包括下列各项：

(1)测量任务书(或合同书)、技术设计书。

(2)点之记、环视图、测量标志委托保管书、选点和埋石资料。

(3)接收设备、气象及其他仪器的检验资料。

(4)外业观测记录、测量手簿及其他记录。

(5)数据处理中生成的文件、资料和成果表。

(6)GPS 网展点图。

(7)技术总结和成果验收报告。

14　附录 A　大地坐标系有关说明

14.1　2000 国家大地坐标系统的定义和地球椭球参数

2000 国家大地坐标系的原点为包括海洋和大气的整个地球的质量中心；2000 国家大地坐标系的 Z 轴由原点指向历元 2000.0 的地球参考极的方向，该历元的指向由国际时间局给定的历元为 1984.0 的初始指向推算，定向的时间演化保证相对于地壳不产生残余的全球旋转，X 轴由原点指向格林尼治参考子午线与地球赤道面(历元 2000.0)的交点，Y 轴与 Z 轴、X 轴构成右手正交坐标系。采用广义相对论意义下的尺度。2000 国家大地坐标系采用的地球椭球参数的数值为：

长半轴：$a = 6\ 378\ 137$ m

扁率：$f = 1/298.257\ 222\ 101$

地心引力常数：$GM = 3.986\ 004\ 418 \times 10^{14}\ \text{m}^3/\text{s}^2$

自转角速度：$\omega = 7.292\ 115 \times 10^{-5}$ rad/s

14.2　1980 西安坐标系的参考椭球基本参数

长半径：$a = 6\ 378\ 140$ m

地球总质量与引力常数之积：$GM = 3\ 986\ 005 \times 10^{8}\ \text{m}^3/\text{s}^2$

地球引力场二阶带谐系数：$J_2 = 108\ 263 \times 10^{-8}$

地球自转角速度：$\omega = 7\ 292\ 115 \times 10^{-11}$ rad/s

14.3　1954 年北京坐标系参考椭球基本参数

长半径：$a = 6\ 378\ 245$ m

扁率：$f = 1/298.3$

15　附录 B　选点与埋石资料及其说明

15.1　点之记

15.1.1　GPS 点点之记

GPS 点点之记见表 3-7。

表 3-7　点之记

网区：平陆区　　　　所在图幅：I49E008013　　点号：C002

点名	南疙疸	级别	B	概略位置	$B = 34°50'$　$L = 111°10'$　$H = 484$ m		
所在地	山西省平陆县城关镇上岭村			最近住所及距离	平陆县城县招待所，距点位 8 km		
地类	山地	土质	黄土	冻土深度		解冻深度	
最近电信设施		平陆县城邮电局		供电情况	上岭村每天可提供交流电		
最近水源及距离		上岭村有自来水，距点 800 m		石子来源	点位附近	沙子来源	县城建筑公司

续表 3-7

本点交通情况(至本点通路与最近车站、码头名称及距离)	由三门峡乘车轮渡过黄河,向北约 8 km 到山西省平陆县城,再由平陆县城乘车向东南约 7 km 至上岭村,再步行约 800 m 到点上。每天有两班车,两轮人力车可到达点位	交通路线图	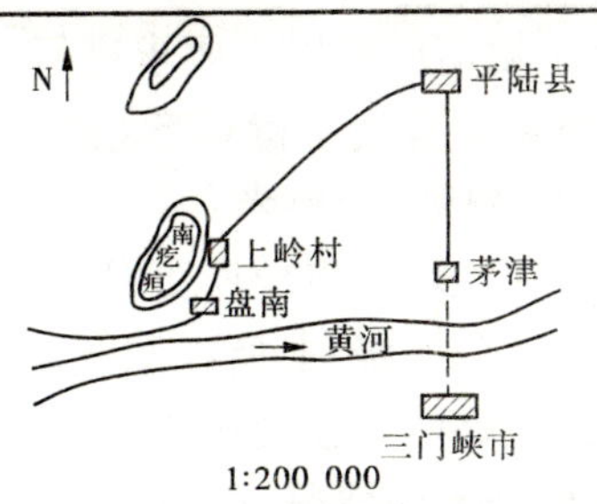
选点情况		点位略图	
单位	国家测绘局第一大地测量队	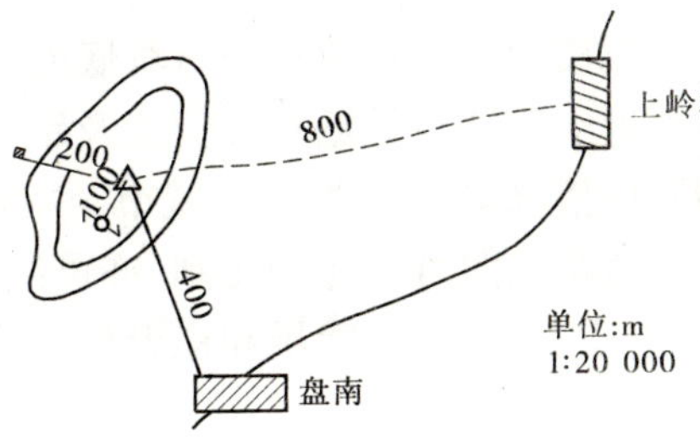	
选点员	李纯	日期:2000-06-05	
是否需联测坐标与高程	联测高程		
联测等级与方法	二等水准测量		
起始水准点及距离	点号为Ⅱ西三 023,距离本点 1.5 km,联测里程大约 2 km		
地质概要、构造背景		地形地质构造略图	
埋石情况		标石断面图	接收天线计划位置
单位	国家测绘局第一大地测量队	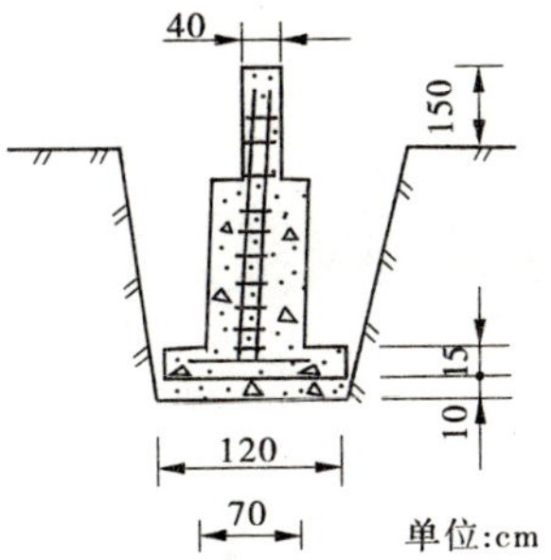	天线可直接安置在墩标顶面上
埋石点	张勇	日期 2000-07-12	
利用旧点及情况	利用原有的墩标		
保管人	陈生明		
保管人单位及职务	山西省平陆县上岭村会计		
保管人地址	山西省平陆县上岭村		
备注			

15.1.2　点之记填写

点之记填写应按以下要求进行：

(1)概略位置由手持 GPS 接收机测定，经纬度按手持 GPS 接收机的显示填写，概略高程采用大地高标注至整米。

(2)所在地填写点位所处位置的由省(直辖市)至最小行政区的名称及点位具体位置，级别填写 GPS 级别，所在图幅填写 1:5万地形图图幅号，网区填测区地名。

(3)点位略图须在现场绘制，注明点位至主要特征地貌(地物)的方向和距离。绘图比例尺可根据实地情况，在易于找到点位的原则下适当变通。

(4)电信情况填写点位周边电信情况。

(5)地类根据实际情况按如下类别填写：荒地、耕地、园地、林地、草地、沙漠、戈壁、楼顶。

(6)土质按如下类别填写埋石坑底的土质，黄土、沙土、沙砾土、盐碱土、黏土、基岩。

(7)最近水源填写最近水源位置及距点位的距离。

(8)交通情况填写自大(中)城市至本点的汽车运行路线，并注明交通工具到点情况。

(9)交通路线图可依比例绘制，亦可绘制交通情况示意图。

(10)地质概要、构造背景和地形地质构造图，根据工程项目需要，由专业地质人员填绘制。

(11)点位环视图按点位周围高度角大于 10°的遮挡地貌(地物)方向及高度角绘制遮挡范围，遮挡范围内填绘阴影线。

(12)标石断面图按埋设的实际尺寸填绘。

15.2　GPS 点环视图

GPS 点环视图见图 3-23。

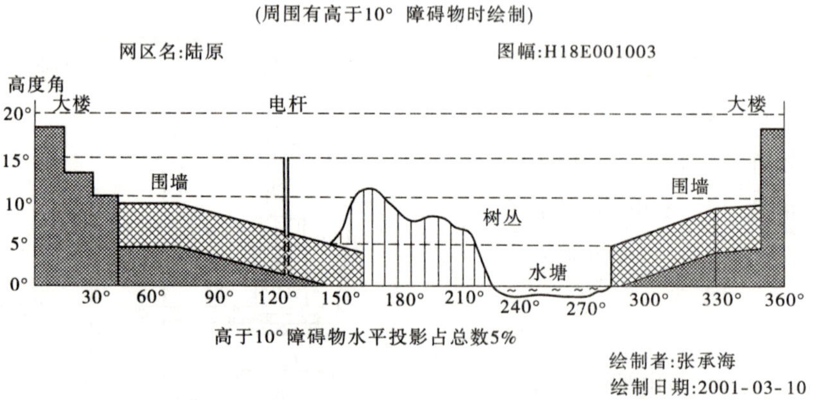

图 3-23　布局点环视图

15.3　标石类型图

标石类型图见图 3-24 ~ 图 3-33。

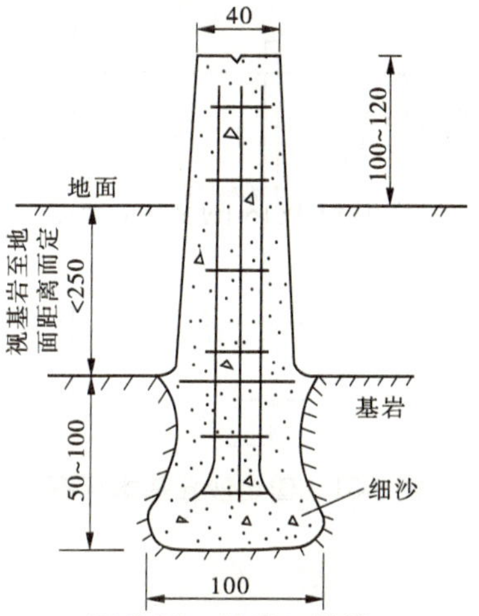

图3-24　基岩天线墩

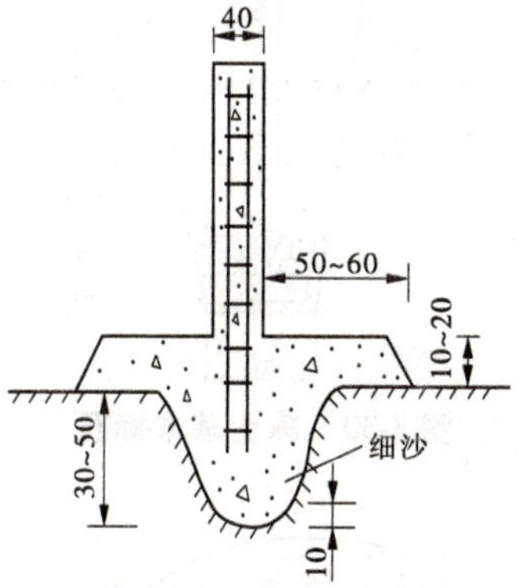

图3-25　岩石天线墩

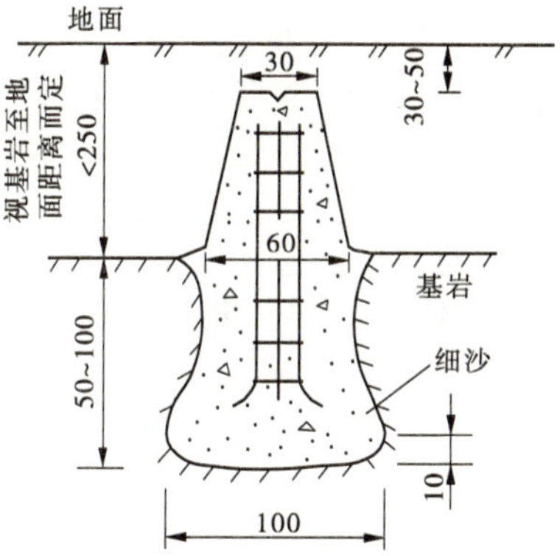

图3-26　基岩标石

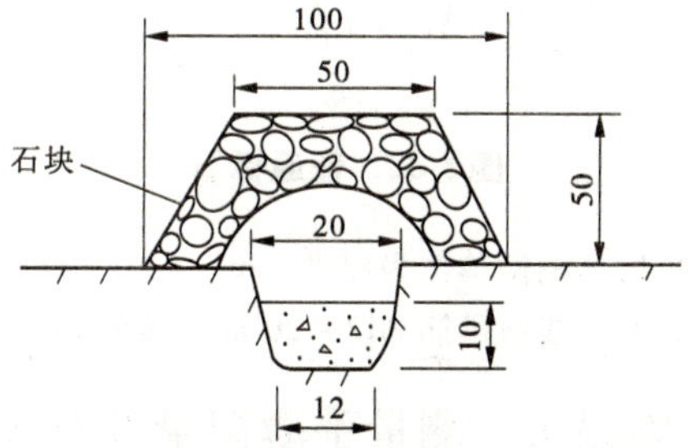

图3-27　岩层普通标石
大型混凝土上标石

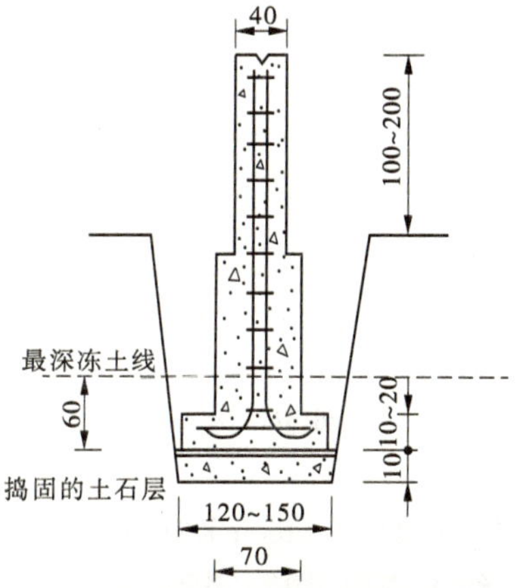

图3-28　土层天线墩

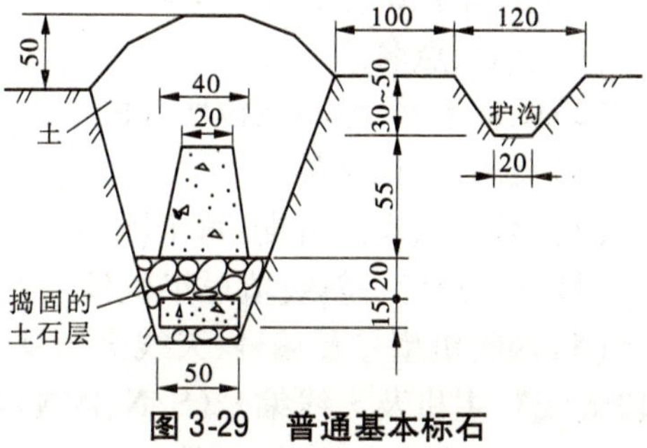

图3-29　普通基本标石

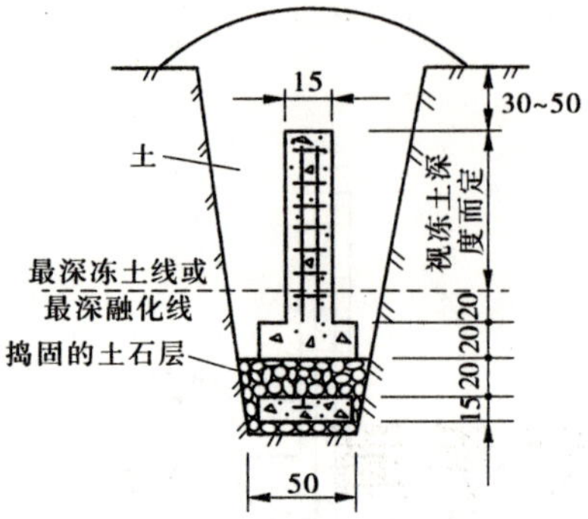

图 3-30 冻土基本标石

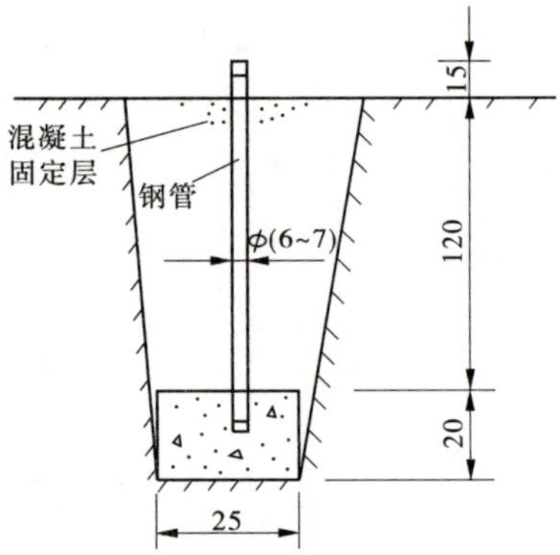

图 3-31 固定沙丘基本标石

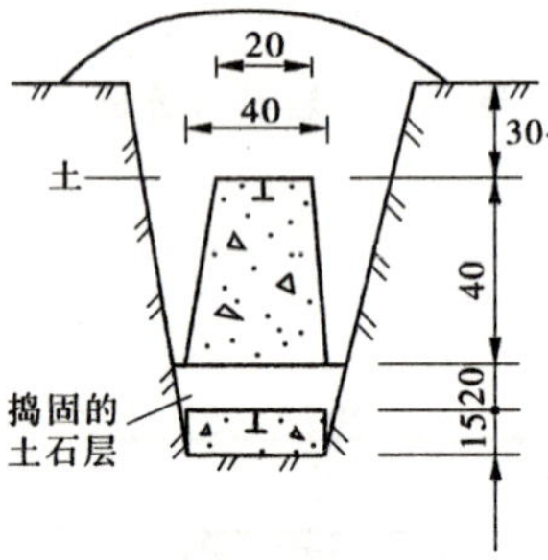

图 3-32 普通标石

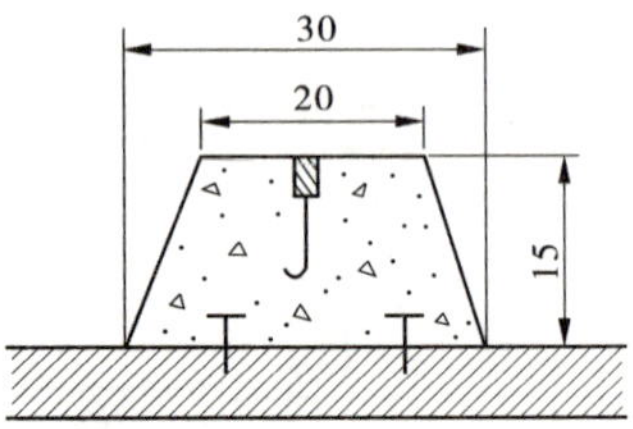

图 3-33 建筑物上标石

注 1:本图例单位为厘米(cm);

注 2. 天线墩足筋 ϕ12 ~ 20 mm,裹筋 ϕ6 ~ 10 mm。

16 附录 D 测量手簿记录及有关要求

16.1 测量手簿

(1)测量簿封面见图 3-34。

(2)GPS 测量手簿记录格式见图 3-35。

16.2 测量手簿记录内容及要求

GPS 测量手簿记录内容及要求如下:

(1)点号、点名。

(2)图幅编号:填写点位所在的 1∶50 000 地形图图幅编号。

(3)观测员、记录员。

(4)时段号、观测日期:每个测站时段号按顺序连续编写,如 01、02、03…;观测时间填写年、月、日,并打一斜线填写年积日。

(5)接收机型号及编号、天线类型及编号:填写全名,如"Ashtech ZXtreme""扼流圈双波段天线",主机及天线编号(S/N、P/N)从主机及天线上查取,填写完整。

(6)存储介质及编号、备份存储介质及编号。

GPS 测量观测手簿

手簿编号 No. ____________

测量级别______________
起止日期______________
项目名称______________
点　　名______________
点　　号______________
测量单位______________

图 3-34 GPS 测量手簿封面

<table>
<tr><td>点　号</td><td></td><td>点　名</td><td></td><td>图幅编号</td><td></td></tr>
<tr><td>观测记录员</td><td></td><td>观测日期</td><td></td><td>时段号</td><td></td></tr>
<tr><td>接收机型号
及编号</td><td></td><td>天线类型及其
编号</td><td></td><td>存储介质类型
及编号</td><td></td></tr>
<tr><td>原始观测
数据文件名</td><td></td><td>Rinex 格式
数据文件名</td><td></td><td>备份存储介质
类型及编号</td><td></td></tr>
<tr><td>近似纬度</td><td>°　′　″N</td><td>近似经度</td><td>°　′　″E</td><td>近似高程</td><td>m</td></tr>
<tr><td>采样间隔</td><td>s</td><td>开始记录时间</td><td>h　min</td><td>结束记录时间</td><td>h　min</td></tr>
<tr><td colspan="2">天线高测定</td><td colspan="2">天线高测定方法及略图</td><td colspan="2">点位略图</td></tr>
<tr><td colspan="2">测前：　　　测后：
测定值 ______ m ________ m
修正值 ______ m ________ m
天线高 ______ m ________ m
平均值 ______ m ________ m</td><td colspan="2"></td><td colspan="2"></td></tr>
<tr><td colspan="2">时间(UTC)</td><td colspan="2">跟踪卫星数</td><td colspan="2">PDOP</td></tr>
<tr><td colspan="2"></td><td colspan="2"></td><td colspan="2"></td></tr>
<tr><td colspan="2"></td><td colspan="2"></td><td colspan="2"></td></tr>
<tr><td colspan="2"></td><td colspan="2"></td><td colspan="2"></td></tr>
<tr><td colspan="2"></td><td colspan="2"></td><td colspan="2"></td></tr>
<tr><td colspan="2"></td><td colspan="2"></td><td colspan="2"></td></tr>
<tr><td colspan="2"></td><td colspan="2"></td><td colspan="2"></td></tr>
<tr><td colspan="2"></td><td colspan="2"></td><td colspan="2"></td></tr>
<tr><td>记事</td><td colspan="5"></td></tr>
</table>

图 3-35　GPS 测量手簿记录格式

(7)原始数据数据文件名、Rinex 格式数据文件名。

(8)近似纬度、近似经度、近似高程:近似经纬度填至1′,近似高程填至100 m。

(9)采样间隔、开始记录时间、结束记录时间:采样间隔填写接收机实际设置的数据采样率。

(10)站时段号、日时段号。

(11)天线高及其测定方法及略图:测定方法见“16.3 天线高测定方法及要求”,各项测定值取至0.001 m。

(12)点位略图:按点附近地形地物绘制,应有3个标定点位的地物点,比例尺大小视点位具体情况确定。点位环境发生变化后,应注明新增障碍物的性质,如树林、建筑物等。

(13)测站作业记录:记载有效观测卫星数、*PDOP* 值等,B 级每4 h 记录一次,C 级每2 h 记录一次,D 级、E 级观测开始与结束时各记录一次。

(14)记事;记载天气状况,填写开机时的天气状况,按晴、多云、阴、小雨、中雨、大雨、小雪、中雪、大雪、风力、风向选一填写,同时记录云量及分布,记载是否进行偏心观测,其记录在何手簿,以及整个观测过程中出现的重要问题,出现时间及其处理情况。

16.3 天线高测定方法及要求

(1)天线墩上天线高测定。

用天线高量测杆或小钢卷尺从厂家规定的天线高量测基准面彼此相隔120°的三个位置分别量取至天线墩中心标志面的垂直距离,互差应小于2 mm,取平均值为天线高 h。

(2)三脚架上天线高测定。

备有专用测高标尺的接收设备,将标尺插入天线的专用孔中,下端垂准中心标志,直接读出天线高(或需加一常数)。

其他接收设备,可采用倾斜测量方法。从脚架三个空档(互成120°),测量天线高量测基准面至中心标志面的距离,互差应小于3 mm,取平均值为 L,天线底盘半径为 R,按天线高公式(3-17)求出。

$$h = \sqrt{L^2 - R^2} \tag{3-17}$$

(3)觇标仪器台上天线高测定。

按上述天线墩上天线高测定方法量取天线高量测基准面至仪器台上表面的高差 h',再量取仪器台的厚度 h'',再用钢卷尺不同部位,量取仪器台下表面至中心标志面的高差三次,其互差不应大于5 mm,取平均值为最后结果 h''',则天线高按式(3-18)求出。

$$h = h' + h'' + h''' \tag{3-18}$$

(4)在 GPS 测量手簿中应绘出天线高量测方法略图。

17 附录F 同步观测环检核

三边同步环中只有两个同步边成果可以视为独立的成果,第三边成果应为其余两边的代数和。由于模型误差和处理软件的内在缺陷,第三边处理结果与前两边的代数和常不为零,其差值应符合式(3-19)

$$\left.\begin{aligned} W_X &\leqslant \frac{\sqrt{3}}{5}\sigma \\ W_Y &\leqslant \frac{\sqrt{3}}{5}\sigma \\ W_Z &\leqslant \frac{\sqrt{3}}{5}\sigma \end{aligned}\right\} \tag{3-19}$$

式中:σ 为基线测量中误差,mm,其计算按“12.2 外业数据质量检核”中(5)的规定执行。

对于四站以上同步观测时段,在处理完各边观测值后,应检查一切可能的三边环闭合差。

学习情境4　GPS 动态观测

学习单元4.1　南方 S82

【学习目标】

通过本单元的学习,使学生能够全面认识南方 S82 仪器设备并能进行安装连接。

【学习任务】

1. 了解南方 S82 仪器设备构成。
2. 安装连接整套设备。
3. 测量外业设置。
4. 量取天线高。

1　仪器准备

灵锐 S82 主机集成了天线、主板、电台、接收天线、蓝牙模块、电池等组件,移动站完全一体化,只需手簿操作即可工作。

1.1　主机

主机呈圆柱形,主机前侧为按键和指示灯面板,仪器底部内嵌有电台模块和电池仓部分。移动站在这部分装有内置接收电台;基准站为外接发射电台,该部分起接口转换的作用。灵锐 S82 主机外型(移动站)见图 4-1。灵锐 S82 主机面板见图 4-2。

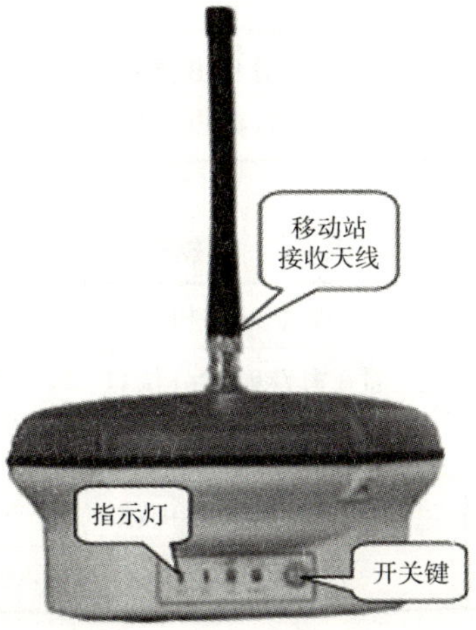

图 4-1　灵锐 S82 主机外型(移动站)

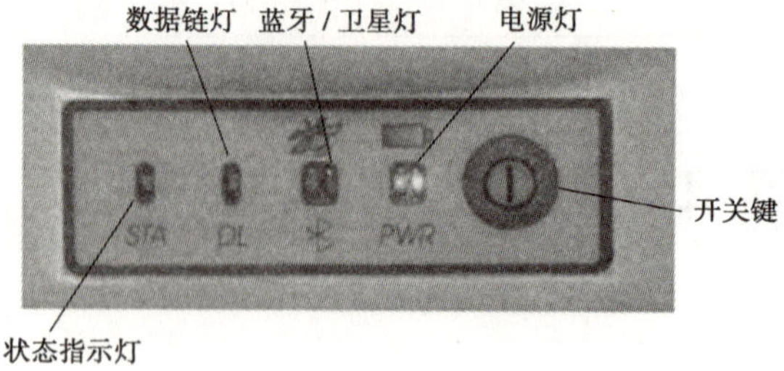

图 4-2 灵锐 S82 主机面板

1.2 指示灯和蜂鸣器

指示灯在面板的上方,从左向右依次是“状态指示灯”“数据链灯”“卫星/蓝牙灯”和“电源灯”,分别指示的作用如表 4-1 ~ 表 4-4 所示。

表 4-1 电源灯

灯状态(红绿)	基准站主机状态	移动站主机状态
不亮	未开机	未开机
红灯长亮	电池使用中	电池使用中
红灯闪	电池电量不足	电池电量不足
绿灯长亮	使用外接电源	

表 4-2 卫星/蓝牙灯

灯状态(红绿)	基准站主机状态	移动站主机状态
不亮	锁定卫星为零	锁定卫星为零,蓝牙未接通
红灯每隔 30 s 开始连续闪烁 n 次	卫星锁定颗数为 n	卫星锁定颗数为 n
绿灯长亮		手簿主机之间蓝牙连通
绿灯闪	主机使用 USB 连接电脑进行数据传输	主机使用 USB 连接电脑进行数据传输

表 4-3 数据链灯

灯状态(红)	基准站主机状态	移动站主机状态
不亮	未发射差分信息	未接收到差分信息
每 5 s 快闪 2 次	正常发射差分信息	
每秒闪 1 次	搜星少于 4 颗	正常接收差分信息
长亮	主机静态模式	主机静态模式

表4-4　状态指示灯

灯状态(红)	基准站主机状态	移动站主机状态
不亮	未开机‖静态测量未开始采集	未开机‖静态测量未开始采集
每隔 n 秒闪 1 次	静态采集,间隔为 n 秒	静态采集,间隔为 n 秒
每秒闪 1 次	动态数据链正常	动态数据链正常
每秒短闪 1 次	动态数据链数据不足	动态数据链数据不足

特殊状态:

若电源灯长亮,卫星/蓝牙和数据链灯同时闪烁不止,表明系统出错,若多次重开机也如此,则需要与南方公司相关人员联系。

(1)错误状态:当系统出现下列情况时,会出现系统错误,卫星灯和通信灯的红灯会同时闪烁不止:①内存检测错误:②接收机检测失败:③当基准站工作在重复设站模式,却不能正确获取基准站坐标时。

(2)未注册或者注册码到期状态:卫星灯和电台灯交替闪烁,交替闪烁的时间间隔为 1 s。

(3)蜂鸣器的工作状态:

①当系统出现错误状态时,卫星灯和通信灯的红灯会同时闪烁,同时蜂鸣器有滴嗒声。

②移动站,当没有接收到电台信号时会自动切换通道,每切换通道一次,蜂鸣器会响一次。

③关机时,长按开关键约 3 s,这时蜂鸣器鸣叫表示按键有响应,响三次松手即关机。

④RTK 系统在进行放样工作时,放样的某些功能操作,设置了蜂鸣提示音。

注意:面板指示灯的指示意义可能在版本升级后有所变化,具体变化情况参考版本说明,GPRS/GSM 电台请参考独立说明。

1.3　GDL25 电台外型说明

GDL25 电台的外型简捷,控制面板指示灯显示电台状态,按键操作简单方便,一对一接口能有效防止连接错误。

GDL25 电台的面板:

(1)CHANNEL 按键开关:为本机切换通道用开关,按此开关可以切换 1 ~4 通道。

(2)ON/OFF 电源开关键:此键控制本机电源开关。左边红灯指示本机电源状态。

(3)AMPPWR 指示:此指示灯亮表示本机工作在低功率状态。

(4)TX 红灯指示:此指示灯每秒闪烁一次表示电台在发射数据状态,发射间隔为 1 s。

电台面板如图 4-3 所示。

在 GDL25 电台开机之前,应检查电源正负极是否连接正确,若正负极接反,可能会烧坏电台。

在设备使用过程中,若要拔插连接电缆,尤其是连接 GPS 接收机的接口的连接电缆,为了避免由于带电拔插对终端和电台的损坏,务必关闭所有连接设备的电源,若不便于关

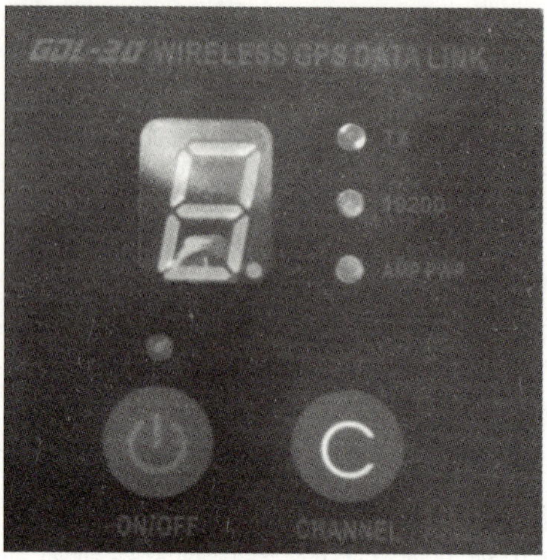

图 4-3　电台面板

闭全部设备的电源，至少要关闭一方的电源，以减少串口损坏的可能性。

2　基准站和移动站安装

2.1　基准站安装

（1）在基准站架设点安置脚手架，安装上基座对点器，再将基准站主机装上连接器置于基座之上，对中整平。

（2）安置发射天线和电台，建议使用对中杆支架，将连接好的天线尽量升高，再在合适的地方安放发射电台，用多用途电缆和扩展电源电缆连接主机、电台和蓄电池，如图 4-4 所示。

（3）检查连接无误后，打开电池开关，再开电台和主机开关，并进行相关设置。

2.2　移动站安装

（1）连接碳纤对中杆、移动站主机和接收天线，完毕后主机开机。

（2）安装手簿托架，固定数据采集手簿，打开手簿进行蓝牙连接，连接完毕后即可进行仪器设置操作。

2.3　按键操作说明

主机只有一个操作按键（电源键），其操作如下：

开机：当主机为关机状态（没有指示灯亮）时，轻按电源键，主机会进入初始化状态。

关机：当主机为开机状态（电源灯亮）时，按住电源键，听到蜂鸣器鸣叫三声之后，松开电源键。

移动站主机处在开机状态时，如果持续 1 min 未能正常收到基准站的差分信号，则主机自动启动 AutoRover 功能，蜂鸣器将间隔几秒鸣叫一次，表示主机在自动切换电台通道，搜索差分信息。

3　仪器设置

3.1　手工设置

不论基准站还是移动站，都可以通过手工来对工作模式进行设置，具体的方式如下：

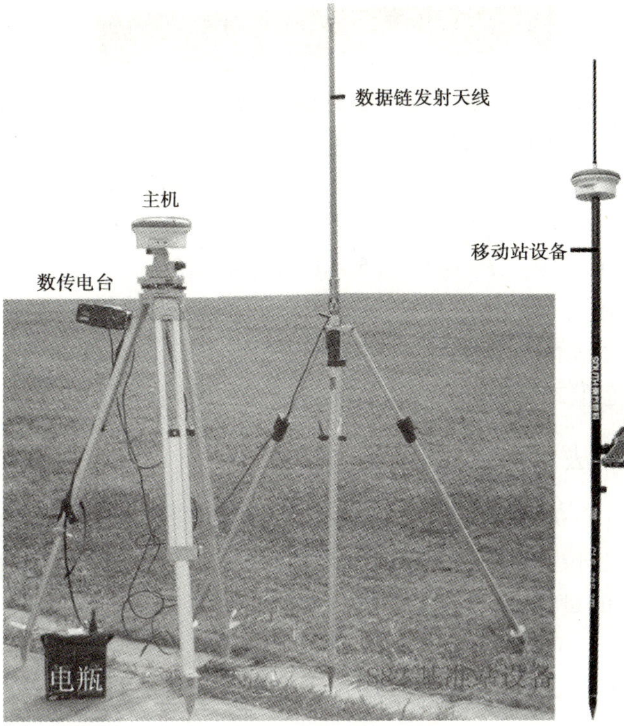

图 4-4　南方 S82 RTK 测量系统

首先让接收机处在开机状态，刚开机的主机需要等一段时间，使接收机完成初始化过程，再进行操作。

切换动态：长按电源键，几秒钟之后，蜂鸣器首先会鸣响三声，接着沉寂 6 s（电源灯也熄灭），再接着鸣响一声，这时才松开电源键，主机变为关机状态，再开机，主机的工作模式将被设置为动态。

切换静态：长按电源键，几秒钟之后，蜂鸣器首先会鸣响三声，接着沉寂 6 s（电源灯也熄灭），再接着鸣响两声，这时才松开电源键，主机变为关机状态，再开机，主机的工作模式将被设置为静态。

蓝牙初始化：长按电源键，几秒钟之后，蜂鸣器首先会鸣响三声，接着沉寂 6 s（电源灯也熄灭），再接着鸣响三声，这时才松开电源键，主机变为关机状态，再开机，主机的蓝牙完成初始化。

3.2　手簿设置

手簿能对接收机进行动态转静态的设置，但不能进行静态转动态的设置。用手簿切换静态模式，能对静态采集参数进行设置，包括：采集间隔、卫星截止角和开始采集的 PDOP 条件。而手动切换静态，静态采集参数则沿用默认设置参数："设置"→"仪器设置"→"静态设置"会直接进入一个静态参数设置框，将参数填入，"确定"，程序会自动退出，仪器静态设置完毕。

注意：基准站设置时，手簿和主机连接需要使用连接线；移动站可以用蓝牙连接，也可以使用连接线，连接时注意端口的设置。

3.3 仪器操作表现

3.3.1 静态模式

数据链灯和电源灯会长亮，等待搜星达到要求时，开始记录历元，状态指示灯会按采集时间间隔闪烁（如果不设置，默认为 5 s）。

3.3.2 动态模式

（1）基准站。模式设置好后开机，两种条件下，基准站会自动进入发射模式：①$PDOP<2.5$；②接收卫星数大于 8 颗且 $PDOP<4.5$。基准站会自动进入发射状态，数据链灯每隔 5 s 快闪两次、状态指示灯每秒闪一次表明基准站正常发射，发射间隔为 1 s。如果需要改变发射间隔，或重设发射条件，需将手簿用线和主机连接来设置基准站。

（2）移动站。动态模式下直接开机，系统会自动搜索差分信息，并锁定通道。

4 天线高的量测方法

仪器尺寸：接收机高 94 mm，直径 180 mm，密封橡胶圈到底面高 65 mm。

天线高实际上是相位中心到地面测量点的垂直高。

动态模式天线高的量测方法有直高和斜高两种量取方式：

（1）直高：地面到主机底部的垂直高度 + 天线相位中心到主机底部的高度。

（2）斜高：测到橡胶圈中部，在手簿软件中选择天线高模式为斜高后输入数值。

斜高法测量天线高见图 4-5。

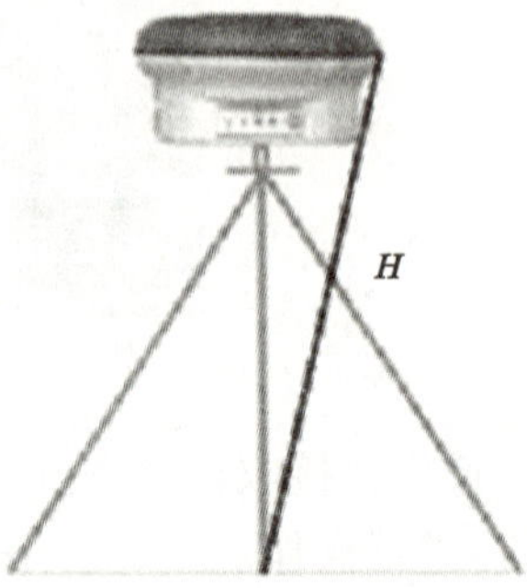

图 4-5 斜高法测量天线高

静态模式的天线高量测：只需从测点量测到主机上的密封橡胶圈的中部，内业导入数据时在后处理软件中选择相应的天线类型输入即可。

学习单元 4.2 RTK 测量

【学习目标】

1. 掌握 RTK 测量的基本原理。
2. 能够独立进行外业数据采集。
3. 了解采集数据格式。

【学习任务】

1. 实时载波相位差分原理。
2. 掌握坐标转换的流程。
3. 掌握外业数据采集时基准站、流动站设置。
4. 掌握数据传输。
5. 了解采集数据格式。

1　RTK 测量基本原理概述

RTK 是实时动态测量,其工作原理可分为两部分阐述。

1.1　实时载波相位差分

我们知道,GPS 静态测量的方法是各个接收机独立观测,然后用后处理软件进行差分解算。那么对于 RTK 测量来说,仍然是差分解算,只不过是实时的差分计算。

也就是说,两台接收机(一台基准站,一台流动站)都在观测卫星数据,同时,基准站通过其发射电台把所接收的载波相位信号(或载波相位差分改正信号)发射出去;那么,流动站在接收卫星信号的同时也通过其接收电台接收基准站的电台信号;在这两信号的基础上,流动站上的固化软件就可以实现差分计算,从而精确地定出基准站与流动站的空间相对位置关系。在这一过程中,由于观测条件、信号源等的影响会有误差,对于一般接收机来说,此部分的仪器标定误差为平面 1 cm +1 ppm,高程上由于受电离层以及对流层的影响较大,精度略逊。

1.2　坐标转换

空间相对位置关系不是最终值,因此还有一步工作就是把空间相对位置关系纳入需要的坐标系中。也就是说,要通过坐标转换把 GPS 的观测成果变成需要的坐标。这个工作有多种模型可以实现,一般采用的是平面与高程分开转换,平面坐标转换采用先将 GPS 测得成果投影成平面坐标,再用已知控制点计算二维相似变换的四参数,高程则采用平面拟合或二次曲面拟合模型,利用已知水准点计算出该测区的待测点的高程异常,从而求出它们的高程。坐标转换也会带来误差,该项误差主要取决于已知点的精度和已知点的分布情况。

从上可以看出,RTK 的测量精度包括两个部分,其一是 GPS 的测量误差,其二是坐标转换带来的误差。

(1)RTK 作业时,GPS 的测量精度既实时显示,又会存在于 LOG 文件中,该值可以作为精度评定的部分,提交成果。

(2)坐标转换会带来误差,有两个误差源,一个是投影,另一个是已知点误差。一般设备可以取消前者,后者则是无法避免的,但为了尽量减少,应做到以下要求:最好有三个以上平面坐标已知点,而且点精度要均等,并要均匀分布于测区周围。此外,要利用坐标转换中误差和尺度比两种手段对转换参数的精度进行评定。

对坐标转换原理的理解有助于用户更好的掌握工程之星软件的校正步骤。

GPS 接收机的一个显著特点就是 GPS 接收机的 OEM 板输出的坐标是 GPS 的 WGS－84 椭球下的经纬度坐标,而通过软件输送给 GPS 接收机的坐标也只能是 GPS 的 WGS－84 椭球下的经纬度坐标,否则 GPS 接收机的工作就会出错。因此,GPS 系统显示的坐标都首先要通过相应的软件把 GPS 主板输出的坐标转化到当地施工坐标。

软件在实现 WGS－84 的经纬度坐标转化成施工平面坐标时一般都经过图 4-6 所示的流程。

2　外业数据采集

RTK 由两部分组成:基准站部分和移动站部分。其操作步骤是先启动基准站,后进

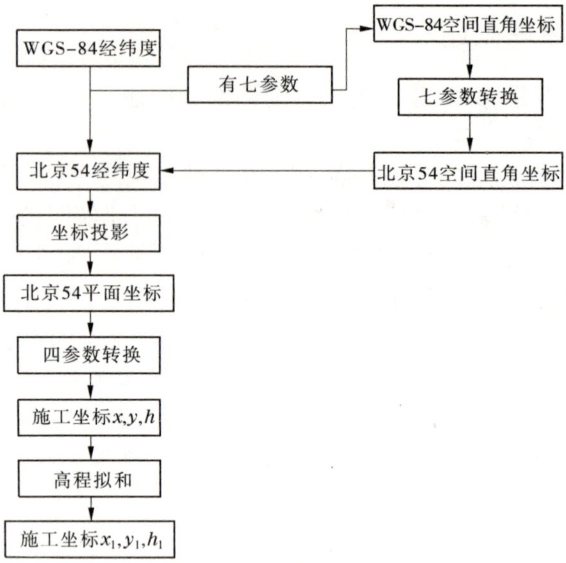

图 4-6　坐标转化流程

行移动站操作。

2.1　基准站部分

2.1.1　基准站安装

（1）在基准站架设点上安置脚架，安装上基座，再将基准站主机用连接头安置于基座之上，对中整平（如架在未知点上，则大致整平即可）。

注意：基准站架设点可以架在已知点或未知点上，这两种架法都可以使用，但在校正参数时操作步骤有所差异。

（2）安置发射天线和电台，将发射天线用连接头安置在另一脚手架上，将电台挂在脚手架的一侧，用发射天线电缆接在电台上，再用电源电缆将主机、电台和蓄电池接好，注意电源的正负极必须连接正确（红正黑负），否则保险丝将被烧断。

注意：主机和电台上的接口都是唯一的，在接线时必须红点对红点，拔出连线接头时一定要捏紧线头部位，不可直接握住连线强行拔出。

2.1.2　主机操作

2.1.2.1　打开主机

主机上只有一个操作按钮（电源键），轻按电源键打开主机，主机开始自动初始化和搜索卫星，当卫星数和卫星质量达到要求后（大约 1 min），主机上的 DL 指示灯开始 5 s 快闪 2 次，表明基准站开始正常工作。

2.1.2.2　打开电台

在打开主机后，就可以打开电台。轻按电台上的"ON/OFF"按钮打开电台，当主机上的 DL 指示灯开始 5 s 快闪 2 次时，同时电台上的 TX 指示灯会开始每秒钟闪 1 次。这时，整个基准站部分开始正常工作。电台后面有个扳手，用于转换高低功率，高功率为 H（High），低功率为 L（Low）。

注意：为了让主机能搜索到更多数量的卫星和高质量的卫星，基准站一般应选在周围视野开阔，避免在截止高度角15°以内有大型建筑物；避免附近有干扰源，如高压线、变压器和发射塔等；不要有大面积水域。为了让基准站差分信号能传播的更远，基准站一般应选在地势较高的位置。

2.2 移动站部分

2.2.1 移动站安装

将移动站主机接在碳纤对中杆上，并将接收天线接在主机顶部，同时将手簿使用托架夹在对中杆的合适位置。

2.2.2 主机与手簿操作

2.2.2.1 打开主机

轻按电源键打开主机，主机开始自动初始化和搜索卫星，当达到一定的条件后，主机上的DL指示灯开始1 s闪1次（必须在基准站正常发射差分信号的前提下），表明已经收到基准站差分信号。

2.2.2.2 打开手簿

按住<ENTER/ON>至少1 s，手簿即可打开。

2.2.3 工程之星软件操作

（1）启动工程之星软件。

用光笔双击手簿桌面上“工程之星”，即可启动软件。

注意：工程之星快捷方式一般在手簿的桌面上，如手簿冷启动（扣去电池）后，则桌面上的快捷方式消失，这时请按路径：我的设备→Setup→ERTKPro2.0.exe安装。

（2）启动软件后，软件一般会自动通过蓝牙和主机连通。如果没连通，则首先需要进行蓝牙设置（设置→连接仪器→选中“输入端口:0”→点击“连接”）。

（3）软件在与主机连通后，软件首先会让移动站主机自动去匹配基准站发射时使用的通道。如果自动搜频成功，则软件主界面左上角会有差分信号在闪动，并在左上角有个数字显示，要与电台上显示一致。如果自动搜频不成功，则需要进行电台设置（设置→电台设置→在“切换通道号”后选择与基准站电台相同的通道→单击“切换”）。

（4）在确保蓝牙连通和收到差分信号后，开始新建工程（工程→新建工程），选择向导，依次按要求填写或选取如下工程信息：工程名称、椭球系名称、投影参数设置、四参数设置（未启用可以不填写）、七参数设置（未启用可以不填写）和高程拟合参数设置（未启用可以不填写），最后确定，工程新建完毕。

（5）进行校正。校正有两种方法。

方法一：利用控制点坐标库求四参数（设置→控制点坐标库）。在校正之前，首先必须采集控制点坐标，一般大于2个以上控制点（采集数据的方法见后边叙述的数据采集部分），采集完成后在控制点坐标库界面中单击“增加”，根据提示依次增加控制点的已知坐标，然后单击“OK”，继续增加原始坐标，选择第一项“从坐标管理库选点”，然后单击左下角的“导入”，选择当前工程名下的DATA文件夹里的后缀为“.RTK”的文件，选择对应点，然后确定。同样的方法增加其他控制点。当所有的控制点都输入，察看确定无误后，单击“保存”，选择参数文件的保存路径并输入文件名，建议将参数文件保存在当前工程下文件名result文件夹里面，保存的文件名称以当天的日期命名，完成之后单击“确定”。

然后单击“保存成功”小界面右上角的“OK”,四参数已经计算并保存完毕。

说明:在求完四参数后,一定要查看一下四参数中的比例因子 K,一般 K 的范围保证在0.999 9~1.000 0。这样才能确保采集精度。查看四参数:设置→测量参数→四参数。

方法二:校正向导(工具→校正向导),这时又分为两种模式。

注意:此方法只能进行单点校正,一般是在有四参数或七参数的情况下才通过此方法进行校正。也就是说,在同一个测区,第一次测量时已经求出了四参数,下次继续在这个测区测量时,必须先输入第一次求出的四参数,再做一次单点校正。此方法还可适用于自定义坐标的情况下。

①基准站架在已知点上。

选择“基准站架设在已知点”,单击“下一步”,输入基准站架设点的已知坐标及天线高,并且选择天线高形式,输入完后即可单击“校正”。系统会提示是否校正,并且显示相关帮助信息,检查无误后“确定”,校正完毕。

说明:此处天线高为基准站主机天线高,形式一般为斜高,只能通过卷尺来测量。

②基准站架在未知点上。

选择“基准站架设在未知点”,再单击“下一步”。输入当前移动站的已知坐标、天线高和天线高的量取方式,再将移动站对中立于已知点上后单击“校正”,系统会提示是否校正,单击“确定”即可。

说明:此处天线高为移动站主机天线高,形式一般为直高,为一固定值2.065 m。

注意:如果软件界面上的当前状态不是“固定解”,会弹出提示,这时应该选择“否”来终止校正,等精度状态达到“固定解”时重复上面的过程重新进行校正。

(6)校正完毕后,就可以进行采集数据或放样。

将对中杆对立在需测的点上,当软件界面的状态达到“固定解”时,利用快捷键“A”开始保存数据。此时需要输入点名和天线高。按快捷键“B”两次为查看本工程所采集的所有测量点坐标。

注意:在选“直高”时天线高为2.065 m,在选“杆高”时天线高为2 m。

2.3 数据传输

在野外采集的数据都自动保存在手簿的“我的电脑→Flashdisk→Jobs”中。测量成果文件是以“dat”为后缀的文件,此文件自动存储在新建工程名文件下的DATA文件中。

传输前要做“文件输出”,把文件中多余信息过滤掉,方法为将“工程之星”软件打开,选择“工程”菜单下的“文件输出”,选择文件格式(“Pn”为点名,“Pc”为属性),然后选择“源文件”,即要转换的文件(只能转换当前工程下的文件),再单击“目标文件”,输入一个文件名保存,这个文件名不能与源文件同名,最后单击“转换”,在提示转换成功后,退出工程之星软件。再把手簿与电脑连起来,把新建的文件全部拷贝到计算机上,用记事本打开“*.dat”的文件名。

2.4 主要术语解释说明

Fixed(固定解)、Float(浮动解):整周未知数理论上是整数,但由于观测误差和各修正量误差的影响,平差求解后不再是整数。如果把非整数的整周未知数调整为相近的整数,作为固定值代入重新求解其他未知参数,所得的解称为固定解。而相应整周未知数为非整数的解成为浮动解。

PDOP:空间位置精度因子,相应的三维定位精度。

3 文件数据格式

3.1 DAT 文件数据格式

p1,99974.117,19972.526,51.586,00000000,10,0.006,0.025,6,2.90,16:01:32.00,0.0000,0.0000,0.000

p2,99972.505,19976.508,49.882,00000000,10,0.011,0.056,6,2.90,16:01:59.00,0.0000,0.0000,2.000

p3,99983.172,19980.009,50.252,00000000,10,0.009,0.024,6,2.90,16:02:21.00,0.0000,0.0000,2.000

p4,99991.094,19990.469,50.022,00000000,10,0.006,0.017,7,2.40,16:02:46.00,0.0000,0.0000,2.000

p5,99992.744,19986.699,49.516,00000000,10,0.009,0.029,8,1.90,16:03:01.00,0.0000,0.0000,2.000

p6,99999.016,19976.794,49.040,00000000,10,0.006,0.017,8,1.90,16:03:30.00,0.0000,0.0000,2.000

……

对应上述数据的格式说明:

点名,*X* 坐标,*Y* 坐标,高程,属性,点存储状态(固定解),平面精度,高程精度,卫星颗数,*PDOP*,时间,缺省,缺省,天线高

3.2 RTK 文件数据格式

RTK 文件数据格式如下:

RemVersionVer1.00.050603

RemDataTime2005-10-11T16:01:32.00

RemDatums06378245.0 298.300000000

RemProjection114.00000 500000 1.0000 0.0000

RemSeven00.00000000 0.00000000 0.00000000 0.00000000 0.00000000 0.00000000 0.00000000

RemDifang00.000 00.000 00.0000000 01.00000000

RemNihe00.00000000 0.00000000 0.00000000 0.00000000 0.00000000 0.00000000 0.00000000 0.00000000

RemBaseStation2558738.755 435131.14923.55923.0735580003113.220011999323.559

p1,23.0734734806,113.2159158371,23.145,00000000,0.000,10,0.006,0.025,6,2.900,16:01:32.000,1

p2,23.0734682987,113.2159298562,23.442,00000000,2.000,10,0.011,0.056,6,2.900,16:01:59.000,1

p3,23.0735030211,113.2159419975,23.812,00000000,2.000,10,0.009,0.024,6,

2. 900,16:02:21. 000,1

RemBaseStation2558738. 755435131. 14923. 55923. 0735580003113. 220011999323. 559

RemBaseStation2558738. 755435131. 14923. 55923. 0735580003113. 220011999323. 559

格式说明如下。

3.2.1 文件头

RemVersion 版本号

RemDataTime 文件建立日期

RemDatums 椭球参数

RemProjection 投影参数

RemSeven 七参数

RemDifang 地方转换参数(四参数)

RemNihe 高程拟合参数

RemBaseStation 基准站信息

3.2.2 数据文件

p1,23. 0734734806,113. 2159158371,23. 145,00000000,0. 000,10,0. 006,0. 025,6,2. 900,16:01:32. 000,1

p2,23. 0734682987,113. 2159298562,23. 442,00000000,2. 000,10,0. 011,0. 056,6,2. 900,16:01:59. 000,1

p3,23. 0735030211,113. 2159419975,23. 812,00000000,2. 000,10,0. 009,0. 024,6,2. 900,16:02:21. 000,1

对应上述数据的格式说明:

点名,纬度,经度,高程,属性,天线高,点存储状态(固定解),平面精度,高程精度,卫星颗数,PDOP,时间,缺省值

学习单元 4.3 中海达 V8

【学习目标】

通过本单元知识的学习,使学生能够熟悉中海达 V8 的仪器性能参数,能够熟练进行接收机设置。

【学习任务】

1. 熟悉 V8 系统组成。
2. 了解 V8 技术参数与性能特点。
3. 掌握 V8 接收机设置。
4. 了解 V8 电台模式和 GSM 模式。

1 仪器相关

1.1 基准站示意图

中海达基准站示意见图 4-7。

1.2 移动站示意图

中海达流动站示意见图4-8。

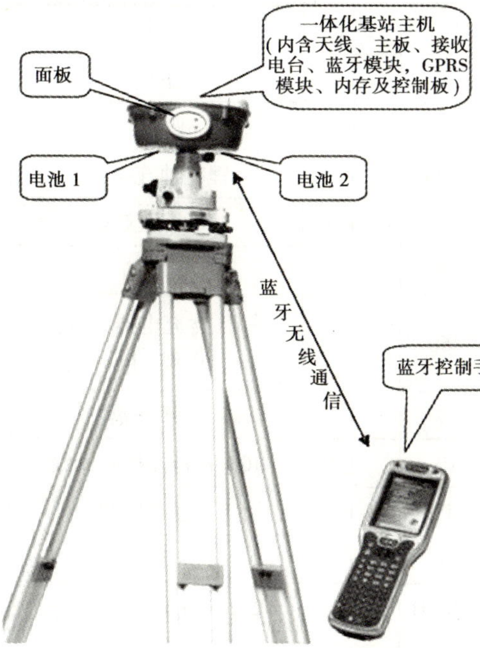

图4-7　中海达基准站示意图

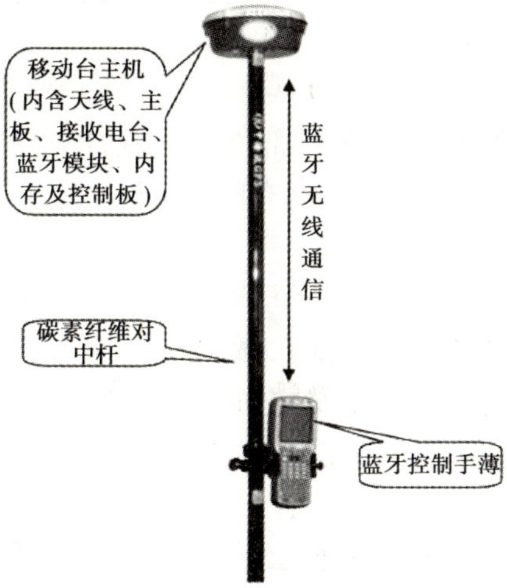

图4-8　中海达流动站示意图

1.3 V8网络RTK测量系统配置表

V8网络RTK测量系统配置见表4-5。

表 4-5　V8 网络 RTK 测量系统配置

基准站			移动站		
名称	型号	数量	名称	型号	数量
主机	V8 - B	1	主机	V8 - R4	1
锂电池	BL - 1400	3	锂电池	BL - 1400	3
锂电池充电器	CL - 1400	1	锂电池充电器	CL - 1400	1
天线连接头	TB - 1	1	天线连接头	TB - 1	1
塑料箱	BG - 1B	1	塑料箱	BG - 1B	1
460 M 电台	UH - 460	1	手簿（含充电器、电池、电缆、卡）	（选配）	1
17 Ah 电池组	BC - 19	1	手簿托盘	HDT - 1	1
充电机	CL - 19	1	460 M 轻便接收天线	UHF - 11	1
电台电源线	PW - 19	1	Y 数据电缆	GC - 3	1
基站主机至电台电缆	DG - 3	1	数据传输电缆	RS - 9	1
460 M 高增益棍式天线	UHF - 460H	1	2 m 碳素纤维对中杆	CLS2 - 1	1
	附件包	1		卷尺	1
	卷尺	1			

1.4　技术参数与性能特点

（1）主机：一体化设计高度集成，关键部件全内置，PVC 材质外壳，抗 2 m 自然跌落；工业三防模具设计的防水塞、防水胶圈，具有防水、防尘、防震功能；大容量存储器可存储 8 颗星 230 h 的测量数据；USB 数据下载。

（2）卡槽和内置双锂电池：微型精巧，防水、防尘、大容量专业锂电池，双电源供电，可不间断地更换电源，可以连续使用 8 h 以上；宽外电源输入电压 6 ~ 36 V。

（3）充电器：采用智能充电器，可同时充放两块电池，充电时间短、效率高，充满后自动断电保护。前 3 次电池必须用空再充电 10 h，以后充电约 4 h。充满电后，充电器的指示灯会熄灭。

（4）数据链：提供 UHF 和 GSM 两种无线通信数据，并可同时发射；UHF 数据链作用距离长达 20 km；GSM 数据链突破距离限制，在中国移动开通 GSM 业务地区均可上网收发数据，实现网络 RTK。

（5）基站 UHF 电台电源：17 Ah 电池组件，LED 灯电量指示，采用航空插座电源极性不会接反，内置充电保护，工作时间长达 10 h。

（6）控制器：美国进口工业级控制器，内置蓝牙通信模块，全中文界面，WINCE 操作系统，具备数据采集、点放样、线放样、公路放样、电力线放样、纵横断面测量及土方计算等功能。远程遥控基准站设置，可在移动站查看基准站电量等。

(7)手簿支架、碳素纤维对中杆:2 m 分节的碳素纤维对中杆,轻便、实用,并附有高精度水准气泡;专业的手簿支架全方位固定角度,转换角度方便自如。

(8)包装箱:专业仪器箱,坚固轻便。

(9)控制面板:独特的控制面板,两键三灯组合设置,智能语音导航,基准站一键设置。

(10)专业网络服务器技术:网络服务器 24 h 在线支持,可实时监控、在线升级等。

V8 CORS RTK 系统技术性能参数见表 4-6。

表 4-6　V8 CORS RTK 系统技术性能参数

<table>
<tr><th colspan="2">功能</th><th>RTK、RTD、快速静态,静态</th><th>项目</th><th>特性</th></tr>
<tr><td colspan="2" rowspan="3">主板特性</td><td rowspan="3">进口知名 OEM 主板
并行 54 通道,全视场跟踪
C/A 码、P 码、L1/L2 载波
GLONASSL1/L2
PAC 技术/VISION 技术</td><td>首次定位时间</td><td>冷启动 60 s
热启动 10 s</td></tr>
<tr><td>再捕获时间</td><td>1 s</td></tr>
<tr><td rowspan="3">定位数据最大更新率</td><td rowspan="3">5 次/s</td></tr>
<tr><td rowspan="5">精度</td><td rowspan="2">静态</td><td>平面 ±5 mm+1 ppm</td></tr>
<tr><td>高程 ±10 mm+1 ppm</td></tr>
<tr><td rowspan="2">RTK</td><td rowspan="2">平面 ±1 cm+1 ppm
高程 ±3 cm+1 ppm</td><td>主机内存</td><td>64 M</td></tr>
<tr><td>控制器内存</td><td>32 M</td></tr>
<tr><td>RTD</td><td>±0.45 m(RMS 中误差)</td><td rowspan="2">通信方式</td><td rowspan="2">蓝牙通信
RS-232</td></tr>
<tr><td rowspan="4">作业范围</td><td>静态</td><td>≤80 km</td></tr>
<tr><td>RTD</td><td>≤20 km(UHF)</td><td>基准站电源</td><td>17 Ah 电池组件</td></tr>
<tr><td rowspan="2">RTK</td><td rowspan="2">极限:≤70 km(GSM)
常规:30 km 内(GSM)</td><td>移动站电源</td><td>锂电池</td></tr>
<tr><td>物理特性</td><td>直径 19 cm,高 10 cm</td></tr>
<tr><td colspan="2">天线</td><td>微带有源天线、内置抑径板</td><td>质量</td><td>1.1 kg</td></tr>
<tr><td colspan="2" rowspan="2">控制器</td><td rowspan="2">美国工业标准,WINCE 平台,
全中文操作、内置蓝牙通信</td><td>工作环境</td><td>-30 ~ +60 ℃</td></tr>
<tr><td>存储环境</td><td>-30 ~ +65 ℃</td></tr>
</table>

2　接收机设置

2.1　V8 CORS RTK 系统的工作方式

V8 CORS RTK 系统有六种工作方式:

(1)使用外挂 UHF 数据链电台的基准站模式。

(2)使用外挂 UHF 数据链电台的移动站模式。

(3)使用内置 UHF 接收电台的移动站模式。

(4)使用内置 GSM 电台的基准站模式。

(5)使用内置 GSM 电台的移动站模式。

(6)双频静态测量模式。

使用 GSM 电台作基准站时可同时连接 UH－460 电台发射差分信号。

通过主机控制面板可更改 V8 的工作方式和内置的 UHF 接收电台的通信信道。

注意：基准站 UHF 发射频道在外挂发射电台面板设置。

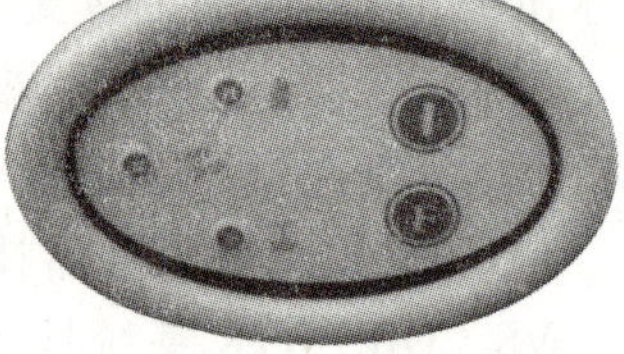

图 4-9　主机控制面板按键图

2.2　控制面板按键图

主机控制面板按键图见图 4-9。

主机控制面板有两个按键，分别为 F 键（功能键）和电源键；指示灯 3 个，分别为电源、卫星、状态。按键和指示灯的功能及含义分别如下所述。

2.2.1　V8 CORS RTK 系统面板控制和指示说明

工作方式：●亮○灭

方式	卫星灯（单绿灯）	信号灯（双灯之绿灯）
基准站	●	○
移动站	○	●
静态	●	●

数据链：

类型	卫星灯（单绿灯）	信号灯（双灯之绿灯）
内置 UHF	●	○
内置 GSM	○	●
外挂	●	●

电台频道：

频道	电源灯（单红灯）	卫星灯（单绿灯）	信号灯（双灯之绿灯）	数据灯（双灯之红灯）
0	○	○	○	○
1	●	○	○	○
2	○	●	○	○
3	●	●	○	○
4	○	○	●	○
5	●	○	●	○
6	○	●	●	○
7	●	●	●	○
8	○	○	○	●

9	●	○	○	●
A	○	●	○	●
B	●	●	○	●
C	○	○	●	●
D	●	○	●	●
E	○	●	●	●
F	●	●	●	●

2.2.2　控制面板操作说明

2.2.2.1　功能键操作说明

(1)双击F键(间隔>0.2 s,小于1 s),进入“工作方式”设置,有“基站”“移动站”“静态”三种工作模式选择。

(2)长按F键大于3 s进入“数据链设置”,有“UHF”“GSM”“外挂”三种数据链模式选择。

(3)按一次F键,进入“UHF电台频道”设置。有0~9、A~F共16个频道可选。

(4)轻按关机按钮,语音提示当前工作模式、数据链方式和电台频道,同时电源灯指示电池电量。

2.2.2.2　指示灯操作说明

(1)电源灯(红色):

“常亮”:正常电压:内电池>7.2 V,外电>11 V。

“慢闪”:欠压:内电池≤7.2 V,外电≤11 V。

“快闪”:指示电量:每分钟快闪1~4下指示电量。

(2)卫星灯(绿色):

“慢闪”:搜星或卫星失锁。

“常亮”:卫星锁定。

(3)状态灯(红绿双色灯):

绿灯:(信号灯)。

内置UHF移动站时指示电台信号强度。

外挂UHF基准站时常灭。

内置GSM时指示登陆(慢闪),连接上(常亮)。

静态时发生错误(快闪)。

其他状态常灭。

红灯:(数据灯)。

数据链收发数据指示(移动站只提示接收,基站只提示发射)。

静态采集指示。

2.2.2.3　开关机指示说明

开机	按电源键 1 s	所有指示灯亮	开机音乐,上次关机前的工作模式和数据链方式的语音提示
关机	长按电源键 3 s	所有指示灯灭	关机音乐

3　UH－460 电台

UH－460 电台面板按键图见图 4-10。

图 4-10　UH－460 电台面板按键图

基准站 UH－460 电台工作在 460 MHz 频段,提供 16 个通信信道供用户选择使用。用户可直接在电台的面板上选择信道。方法是在电台接通电源后,按面板上的[设置]按键,使信道指示改为需要的信道。

注意:一旦修改了基准站的发射电台信道,则移动站也需要修改到相应的信道,否则无法收到差分信号。只有信道相同才能正常工作。

使用 UHF 数据链作业,首先应寻找一个安静的无干扰的信道。方法是:在基准站电台没有发射的情况下,设置移动台通信信道,如果发现“接收”灯亮或闪烁,说明本信道有干扰,需要更改到其他信道,直到找到一个安静的通信信道。然后将基站的 UH－460 电台的信道也改到与移动站信道一致。

4　电源系统

内置 2 个共 2 800 MAh 锂电池,不间断转换。

5　内置 GSM 模块

5.1　安装 SIM 卡

使用 V8 内置的 GSM 模块实施 RTK 作业,需要准备两个或三个中国移动 SIM 卡并开通 GPRS 业务。所需 SIM 卡数量根据 RTK 测量系统的配置而定。1＋1 系统(一台基准站和一台移动站构成的 RTK 系统)需要两个 SIM 卡,1＋2 系统(一台基准站和两台移动站构成的 RTK 系统)需要三个 SIM 卡。每台主机安装一个 SIM 卡。

检测 SIM 卡是否已开通 GPRS 业务的方法之一,是将该卡安装到 GSM 手机(除 CDMA 手机外,当前大多数 GSM 手机均支持 GPRS 功能),在手机屏幕显示信号强度的附近出现英文“G”标志,表示该卡已开通 GPRS 业务,可以用来进行 GPRS 数据传输。反之,如果没有出现“G”标志,表示该卡未开通 GPRS 业务,请咨询中国移动客服专线 10086。

安装 SIM 卡步骤如下：

（1）用螺丝刀将电池盖板卸下，将电池取下，露出 SIM 卡插槽（见图 4-11）。

（2）将卡座推后拉起。

（3）将 SIM 卡放入卡座，正面（有金属触点一面）向下插入插槽。

（4）将卡座下压前推，卡住不松动方可。

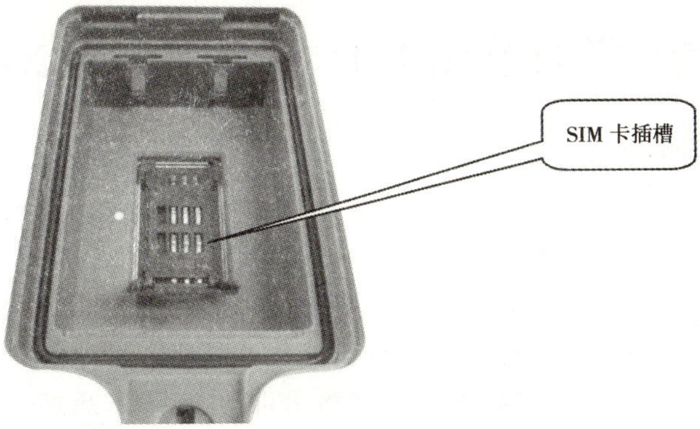

图 4-11 V8SIM 卡插槽

5.2 设置 GSM 模块

V8 出厂时，已将内置的 GSM 模块进行了正确的设置。对于一套（1+1）系统，出厂时已将两台主机的 GSM 模块设置为同一个组，正确安装 SIM 卡后这两台主机之间即可以 GPRS 方式互相发送和接收数据。对于（1+2）系统，则出厂时已将三台主机的 GSM 模块设置到同一个组中。不在同一个组中的仪器不能互相发送和接收差分信号。也就是说，不在同一个组的仪器安装 SIM 卡后，虽然都能够登录到 GSM 服务器，但移动站接收不到基准站的差分信号。总之，一般情况下用户无需更改 GSM 模块的设置信息。只有在使用 GPRS 方式作业数据链不正常时，需要使用 GSM 数据链专用设置软件检查或修改 GSM 模块的内部信息。

用户可根据控制面板上的指示灯判断 GSM 模块工作状态。开机后，按两次 F 键使三个灯中仅电源灯和卫星灯亮，按电源键确认，主机即设置为基准站模式。再按下 F 键 3 s，主机进入模式设置状态。轻按 F 键数次，使三个灯中仅电源灯和信号灯亮，按电源键确认，主机即设置为使用内置 GSM 的基准站模式。同样，按 F 键两次使三个灯中仅电源灯和信号灯亮，按电源键确认，主机即设置为移动站模式。再按下 F 键 3 s，主机进入模式设置状态。轻按 F 键数次，使三个灯中仅电源灯和信号灯亮，按电源键确认，主机即设置为使用内置 GSM 的移动站模式。

主机设置为 GSM 基准站或 GSM 移动站模式后，信号灯表示主机联网状态和发送、接收差分信号状态。信号灯闪烁（绿色），表示正在登录 GSM 网络。大约十几秒后，如果信号灯长亮（绿色），表示登录成功。如果信号灯灭（绿色），表示登录不成功。半分钟后信号灯再次闪烁，表示主机再次尝试登录。

登录成功后设置好基准站，信号灯（红色）开始闪烁（一秒一次），表示正在发送差分信号。移动站信号灯（红色）同步闪烁，表示收到差分信号，可开始 RTK 作业。若移动站信号灯（红色）不闪烁，表示未收到差分信号。

GPS 网络设置软件使用步骤如下：

（1）在 V8 上正确安装 SIM 卡，开机，设置主机为 GSM 基准站或 GSM 移动站。

（2）用到 GC－3 线缆，一头连接电脑串口，一头连接主机底部八芯接口。

（3）鼠标双击 ZNSet. exe，运行 GPS 网络设置软件。

学习单元 4.4　中海达 V8 CORS RTK 作业模式

【学习目标】

通过本单元知识的学习，使学生能够熟练操作 V8 CORS RTK 的各项作业模式。

【学习任务】

1. 掌握 V8 电台作业模式基本原理及现场实践操作。
2. 理解内置 GSM 数据链作业模式。
3. 理解虚拟参考站网络 RTK 技术基本原理。

1　使用 UH－460 电台作业

1.1　连接

将基准站主机、电台、发射天线、电池组以相应电缆连接。

1.2　设置电台信道

选择一个安静的无干扰的信道，使 UH－460 电台和移动站内置的 UHF 电台信道一致。

1.3　设置基准站

如果作业区域的坐标系统是标准坐标系统（1954 年北京坐标系、1980 年国家大地坐标系或 WGS－84），可以使用求转换参数或七参数方法作业。求转换参数方法作业时基准站不必架设在已知点上，可在测区中心选择一个位置较高、视野开阔、交通便利的地点架设基准站。位置高有利于增加电台传输距离，视野开阔可以确保接收卫星正常。

仪器架设好后开机接收卫星，锁定卫星（卫星灯由闪烁转入长亮状态）后即可设置基准站。可以使用手簿设置基准站，也可使用 V8 的控制面板按键快速设置基准站。方法是：

（1）设置主机为基准站模式，关机。

（2）按住 F 键的同时轻按电源键开机，等只有状态灯亮时松开 F 键。

（3）主机锁定卫星后（大约 1 min）即开始发射差分信号，UH－460 电台收发灯闪烁，基准站设置完成。

手簿设置基准站方法见《手簿操作手册》。

用七参数方法作业时主机要架设在已知点上，由于需要向主机输入已知点坐标，所以必须使用手簿设置基准站。

1.4　设置移动站

手簿以蓝牙或电缆连接移动站主机，设置坐标系统、投影参数等。在解类型为窄带固定解时到两个已知点测量 GPS 坐标并计算转换参数。

1.5　检查和测量

计算完转换参数后建议到第三个点检查测量坐标是否与该点的已知坐标相符，平面坐标差值不超过 ±2 cm，高程差值不超过 ±5 cm。相符则可以开始测量；不相符应分析原因，重新求解转换参数。造成坐标不相符的原因一般有：

(1)三个点的坐标有一、两个不正确,或点的位置发生偏移,或不在同一个坐标系统。

(2)已知点坐标输入错误,请检查手簿已知点坐标库。

(3)未计算高程拟合参数或计算步骤不正确。

2 使用内置GSM数据链作业

2.1 安装SIM卡

给基准站和移动站主机安装SIM卡。开机,分别设置主机为GSM基准站模式和GSM移动站模式。观察控制面板的信号灯,检查主机是否能够登录GSM服务器。若不能登录,请检查SIM卡是否开通GPRS业务,GSM模块设置是否正确。

2.2 设置基准站

使用内置GSM模块作业时,基准站不需要UH-460电台和电池组、发射天线等,仅将主机、基座架设在三脚架上。可以使用手簿设置基准站,也可使用控制面板快速设置,设置方法与"1.3 设置基准站"所述相同。

2.3 设置移动站

设置方法与"1.4 设置移动站"所述相同。

2.4 检查和测量

检查和测量方法与"1.5 检查和测量"所述相同。

3 软件简易操作流程

此流程只是提供一种解决方案,在熟练使用本软件后,可以不依照此步骤操作。在作业过程中,通常的使用方法为:

(1)架设基准站,设置好GPS主机工作模式。

(2)打开手簿软件,连接基准站、新建项目,设置坐标系统参数,设置好基准站参数,使基准站发射差分信号。

(3)连接移动站,设置移动站,使得移动站接收到基准站的差分数据,并达到窄带固定解。

(4)移动站到测区已知点上,测量出窄带固定解状态下的已知点原始坐标。

(5)根据已知点的原始坐标和当地坐标求解出两个坐标系之间的转换参数。

(6)打开坐标转换参数,则RTK测出的原始坐标会自动转换成当地坐标。

(7)到另外至少一个已知点,检查经转换后的坐标是否正确。

(8)在当地坐标系下进行测量、放样等操作,得到当地坐标系下的坐标数据。

(9)将坐标数据在手簿中进行坐标格式转换,得到想要的坐标数据格式。

(10)将数据经过ActiveSync软件传输到电脑中,进行后续成图操作。

其中,RTK野外作业的主要步骤为:设置基准站,求解坐标转换参数,碎部测量,点放样,线放样。由于大部分情况下使用的坐标系都为国家坐标系或地方坐标系,而GPS所接收到的为WGS-84坐标系下的数据,因此如何进行坐标系统的转换成为RTK使用过程中很重要的一个环节。一般情况下,可以根据已知条件的不同而使用不同的坐标转换方法,主要转换方法有平面四参数转换+高程拟合、三参数转换、七参数转换、一步法转换、点校验，而碎部测量、点放样、线放样在不同参数模式下操作方法大致相同。下面就RTK 在使用不同的转换方法时的作业步骤做详细说明。

3.1 平面四参数转换 + 高程拟合法(工程用户通用方法)

3.1.1 架设基准站

基准站可架设在已知点或未知点上(注：如果需要使用求解好的转换参数，则基准站位置和上次位置要一致，打开上次新建好的项目，在设置基准站时，只需要修改基准站的天线高，确定基准站发射差分信号，则移动站可直接进行工作，不用重新求解转换参数)。

基准站架设点必须满足以下要求：

(1)高度角在 15°以上开阔，无大型遮挡物。

(2)无电磁波干扰(200 m 内没有微波站、雷达站、手机信号站等，50 m 内无高压线)。

(3)在用电台作业时，位置比较高，基准站到移动站之间最好无大型遮挡物，否则差分传播距离迅速缩短。

(4)至少两个已知坐标点(已知点可以是任意坐标系下的坐标，最好为三个或三个以上，可以检校已知点的正确性)。

(5)不管基站架设在未知点上还是已知点上，也不管坐标系统是国家坐标还是地方施工坐标，此方法都适用。

将 GPS 基准站架设、连接好，将主机工作模式通过面板上的按键调成基准站所需要的工作模式，等待基准站锁定卫星。

3.1.2 手簿主程序的打开

单击手簿桌面的“start”图标，依次单击“programs”“FileExplorer”“IPSM”“HI – RTK-Road”“HI – RTK. exe”，打开手簿程序。

3.1.3 新建项目

通常情况下，每做一个工程都需要新建一个项目。

(1)单击“项目”→“新建”→输入项目名→“√”，如图 4-12 所示。

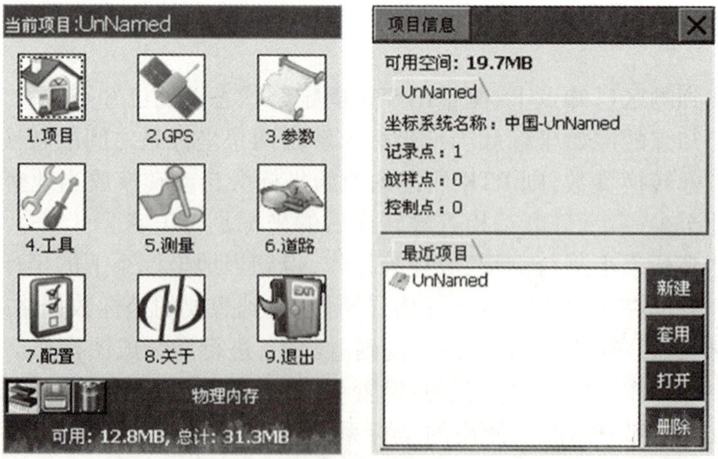

(a)　　(b)

图 4-12　软件桌面项目信息

注意：请将新建的项目放在默认路径(\IPSM\Project\Road)下，否则在手簿没电或硬复位的情况下，除 IPSM 文件夹外的数据都会丢失。

（2）如图 4-13 所示，单击左上角下拉菜单“坐标系统”，设置坐标系统参数。

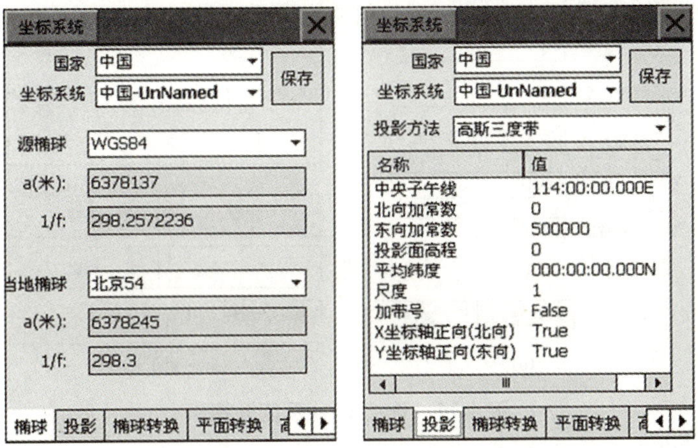

(a)　　　　(b)

图 4-13　椭球投影

“坐标系统”：选择国家，输入坐标系统名称，格式为“国家 × × × ×”。“源椭球”一般为 WGS－84，目标椭球和已知点一致，如果目标坐标为自定义坐标系，则可以不更改此项选择，设置为默认值：“北京－54”。

“投影”：选择投影方法，输入投影参数。中国用户投影方法，一般选择“高斯自定义”，输入“中央子午线经度”，通常需要更改的只有中央子午线经度（中央子午线经度是指测区已知点的中央子午线）；若自定义坐标系，则输入该测区的平均经度，经度误差一般要求小于 30″。地方经度可用 GPS 实时测出，手簿通过蓝牙先连上 GPS，在“GPS”→“导航信息”中获得。

“椭球转换”：不输。

“平面转换”：不输。

“高程拟合”：不输。

“保存”：单击右上角的“保存”按钮，保存设置好的参数。

注意：记得单击右上角的保存按钮，否则坐标系统参数设置无效。

3.1.4　GPS 和基准站主机连接

“GPS”→“左上角下拉菜单”→连接“GPS”，设置仪器型号、连接方式、端口、波特率，单击“连接”。单击“搜索”出现机号后，选择机号，单击“连接”。如果连接成功，会在接收机信息窗口显示连接 GPS 的机号，如图 4-14 所示。

蓝牙连接注意事项如下：

（1）连接之前先在“配置”→“手簿选择”，选择手簿类型。

（2）手簿与 GPS 主机距离最好在 10 m 内。

（3）选择串口连接时，周围 30 m 内无第三个蓝牙设备开启（包括同类手簿、GPS 主机都不能打开）。

（4）如果连接不上，请重新启动接收机，或手簿程序。

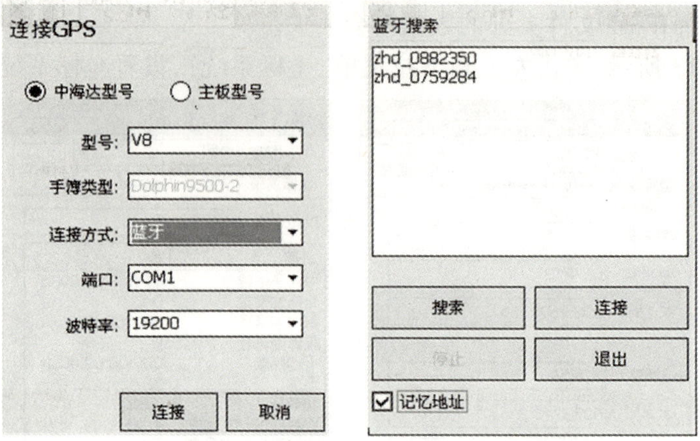

(a) (b)

图 4-14 连接 GPS 及蓝牙搜索

3.1.5 设置基准站

(1)单击图 4-15(a)左上角下拉菜单,单击“基准站设置”。

(2)单击“平滑”,平滑完成后点击右上角“√”,如图 4-15(b)所示。

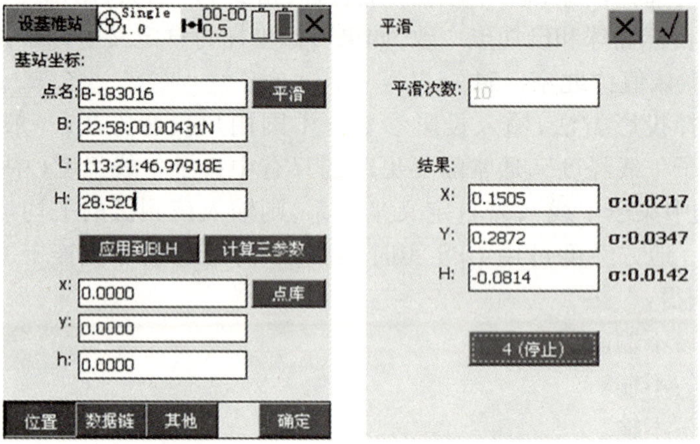

(a) (b)

图 4-15 基准站位置及平滑采集基准站坐标

(3)单击“数据链”,选择数据链类型,输入相关参数。

例如:用中海达服务器传输数据作业时,需设置的参数见图 4-16(a),选择内置网络时,其中分组号和小组号可变动,分组号为七位数,小组号为小于 255 的三位数,用电台作业时则数据链选择内置电台,选择电台频道。

(4)单击“其他”(见图 4-16(b)),选择差分模式,电文格式(默认为 RTK、RTCA 不需要改动),单击“天线高”,选择天线类型,输入天线高,应用、确定后回到图 4-16(a)界面,单击右下角“确定”,软件提示设置成功。

(5)查看主机差分灯是否每秒闪一次黄灯,如果用电台,电台收发灯每秒闪一次,如果正常,则基准站设置成功。

(6)单击左上角菜单,单击“断开 GPS”,断开手簿与基准站 GPS 主机的连接。

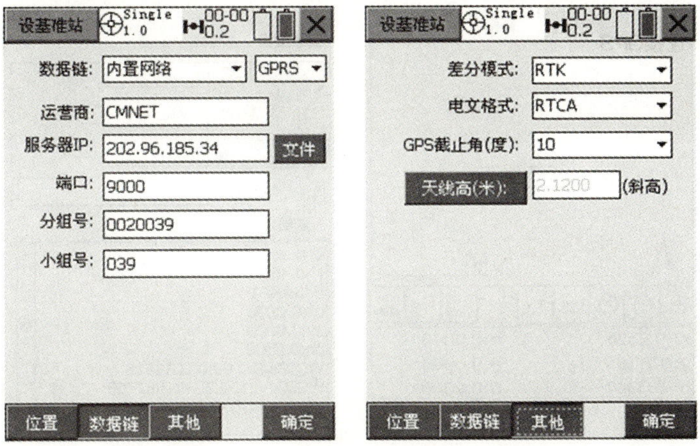

(a) (b)

图4-16 基准站数据链及基准站其他设置

3.1.6 GPS和移动站主机连接

(1)连接手簿与移动站GPS主机(使用UHF电台时,将差分天线与移动站GPS主机连接好;使用GPRS时,不需要差分天线)。

打开移动站GPS主机电源,调节好仪器工作模式,等待移动站锁定卫星。单击左上角下拉菜单→"连接GPS",将手簿与移动站GPS主机连接。当手簿与GPS主机连接正常时,如果连接成功,会在"接收机信息"窗口显示连接GPS的机号,连接方法和基准站类似。

(2)移动站设置:使用菜单"移动站设置",弹出"设置移动站"对话框。在"数据链"界面,选择、输入的参数和基准站一致(如果连接CORS的用户,则在网络选项选择CORS,输入CORS的IP、端口号,单击右方的"设置"按钮,输入源列表名称、用户名、密码)。

单击"其他"界面,选择、输入和基准站一样的参数,修改移动站天线高(如果是CORS用户,则选中"发送GGA",选择发送间隔,通常为1 s)。

单击右下角"确定"按钮,软件提示移动站设置成功,单击右上角按钮"×",回退到软件主界面。

3.1.7 采集控制点源坐标

单击主界面上的"测量"按钮,进入碎部测量界面,如图4-17(a)所示。

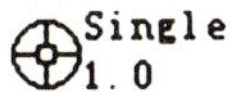

表示单点定位,Fix表示固定坐标(基准站),Int表示RTK固定解,Float表示RTK浮动解,RTD表示伪距差分模式,WAAS表示WAAS星站差分模式,None表示没有GPS数据,unkown表示未知数据类型。

查看屏幕上方的解状态,在GPS达到"Int"RTK固定解后,在需要采集点的控制点上,对中、整平GPS天线,单击右下角的"小旗子"或手簿键盘"SP"键保存坐标。

弹出"设置记录点属性"对话框,如图4-17(b)所示,输入"点名"和"天线高",下一点采集时,点名序号会自动累加,而天线高与上一点保持相同,单击"确认",此点坐标将存入记录点坐标库中。在至少两个已知控制点上保存两个已知点的源坐标到记录点库。

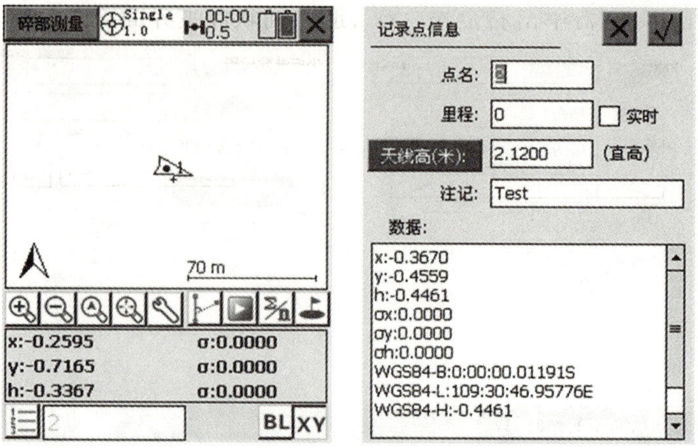

(a)　　　　(b)

图 4-17　碎部测量及保存控制点

3.1.8　求解转换参数

回到软件主界面,单击“参数”→左上角下拉菜单→“坐标系统”→“参数计算”,进入“求解参数”视图,如图 4-18(a)所示。

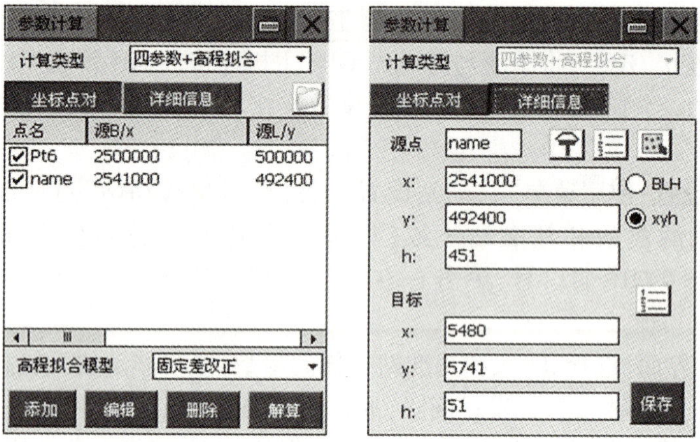

(a)　　　　(b)

图 4-18　求解转换参数添加控制点

单击“添加”按钮,弹出如图 4-18(b)所示界面,要求分别输入源点坐标和目标点坐标,单击从坐标点库提取点的坐标,从记录点库中选择控制点的源点坐标,在目标坐标中输入相应点的当地坐标,单击“保存”,重复添加,直至将参与解算的控制点加完,单击右下角“解算”按钮,弹出求解好的四参数,单击“运用”。

注意:四参数中的缩放比例为一非常接近 1 的数字,越接近 1 越可靠,一般为 0.999x 或 1.000x。

HRMS、VRMS 表示点的平面和高程残差值,如果超过要求的精度限定值,说明测量点的原始坐标或当地坐标不准确;残差大的控制点,不选中点前方的小钩,不让其参与解算,这对测量结果的精度有决定性的影响。

在弹出的参数界面(见图 4-19)中,查看“平面转换”和“高程拟合”是否应用,确认无误后,单击右上角"√",再单击右上角"×",退回到软件主界面。

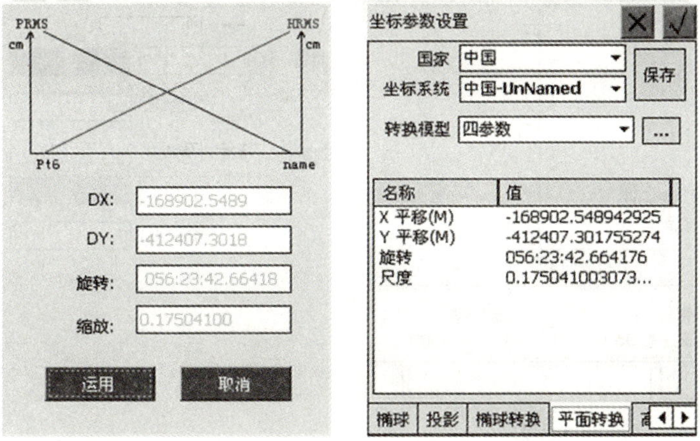

(a) (b)

图 4-19 应用转换参数检查转换参数

注意:小于 3 个已知点,高程只能作固定差改正;大于等于 3 个已知点,则可作平面拟合;大于等于 6 个已知点,则可作曲面拟合。而作平面拟合或曲面拟合时,必须在求转换参数前预先进入"参数"→"高程拟合"菜单进行设置。

3.1.9 碎部测量、放样

(1)碎部测量:单击主界面上的"测量"按钮,进入"碎部测量"界面,在需要采集点的碎部点上,对中、整平 GPS 天线,单击右下角的或手簿键盘"SP"键保存坐标。

可单击屏幕左下角的碎部点库按钮,查看所采集的记录点坐标。

(2)点放样:单击左上角下拉菜单,单击"点放样",弹出界面(见图 4-20(a)),单击左下角(表示放样下一点),弹出如图 4-20(b)所示界面,输入放样点的坐标或点击"点库"从坐标库取点进行放样。

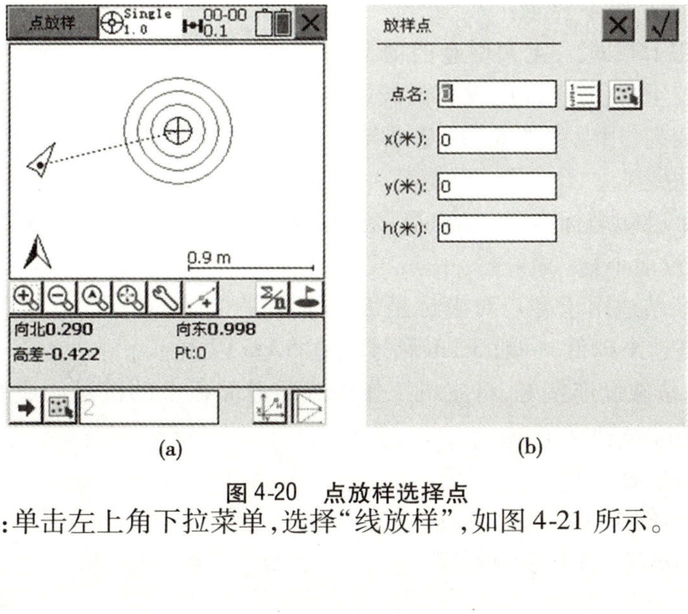

(a) (b)

图 4-20 点放样选择点

(3)线放样:单击左上角下拉菜单,选择"线放样",如图 4-21 所示。

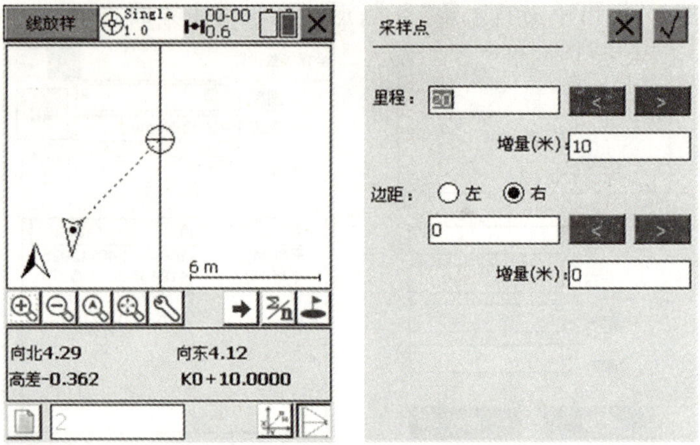

(a)　　(b)

图 4-21　线放样选择点

如图 4-21(a)所示，单击按钮，选择线段类型，输入线段要素，然后单击放样，弹出如图 4-21(b)所示界面，输入里程，定义里程加常数，确定，根据图 4-21(a)的“放样指示”进行放样。

注意：一般的，当求解好一组参数后，假如还要在同一测区作业，建议将基准站位置做记号，基准站坐标、投影参数、转换参数等信息都记录下来，当下次作业时，建议将基准站架设在相同的位置，打开原来使用过的项目，设置基准站，修改基准站天线高，检查参数正确后，移动站即可得到正确的当地坐标。

3.2　三参数转换

3.2.1　架设基准站

基准站架设在已知点上，如果基准站架设在未知点上，手簿软件使用方法和四参数类似，只是在计算参数时选择计算三参数。

架设点必须满足以下要求：

(1)高度角在 15°以上，无大型遮挡物。

(2)无电磁波干扰(200 m 内没有微波站、雷达站、手机信号站等，50 m 内无高压线)。

(3)位置比较高，用电台作业时，基准站到移动站之间最好无大型遮挡物，否则差分传播距离迅速缩短。

(4)只需一个已知坐标点(已知点可以是国家坐标系下的坐标，或坐标系和 WGS－84 坐标系之间的旋转很小)。

(5)架设基准站适用于客户对坐标精度要求不是很高的情况，随着移动站与基准站距离的增加，精度越来越低，一般 3 km 精度能在 5 cm 以内。

将 GPS 基准站架设连接好，将主机工作模式通过面板上的按键调成基准站所需要的工作模式，等待基准站锁定卫星。

3.2.2　手簿主程序的打开

单击手簿桌面的“start”图标，依次单击“programs”“FileExplorer”“IPSM”“HI－RTK-Road”“HI－RTK. exe”，打开手簿程序。

3.2.3 新建项目

通常情况下,每做一个工程都需要新建一个项目。

(1)单击"项目"→"新建"→输入项目名→"√"。

注意:请将新建的项目放在默认路径(IPSM\Project)下,否则在手簿没电或硬复位的情况下,除 IPSM 文件夹外的数据都会丢失。

(2)单击左上角下拉菜单"坐标系统",设置坐标系统参数,如图 4-13 所示。

"坐标系":选择国家,输入坐标系统名称,格式为"国家××××",源椭球一般为 WGS-84,目标椭球和已知点一致。

"投影":选择投影方法,输入投影参数。中国用户投影方法,一般选择"高斯自定义",输入"中央子午线经度",通常需要更改的只有中央子午线经度(中央子午线经度是指测区已知点的中央子午线),如果不知道,可先连接 GPS,然后在"导航信息"中查询。

"椭球转换":不输。

"平面转换":不输。

"高程拟合":不输。

"保存":单击图 4-13(b)右上角的"保存"按钮,保存设置好的参数。

注意:记得点击右上角的保存按钮,否则坐标系统参数设置无效。

3.2.4 GPS 和基准站主机连接

"GPS"→"左上角下拉菜单"→连接"GPS",设置仪器型号、连接方式、端口、波特率,单击"连接"。单击"搜索"出现机号后,选择机号,单击"连接",如果连接成功会在接收机信息窗口显示连接 GPS 的机号。

蓝牙连接注意事项:

(1)连接之前先在"配置"→"手簿选择"中选择手簿类型。

(2)手簿与 GPS 主机距离最好在 10 m 内。

(3)如果连接不上,请重新启动接收机,或手簿程序。

3.2.5 设置基准站

(1)单击图 4-15(a)左上角下拉菜单,单击"基准站设置"。

(2)单击"平滑",弹出图 4-15(b)平滑对话框,完成后单击右上角"√"。

(3)如图 4-15(a),在空白处输入已知点的当地坐标 x、y、h。

(4)完成后单击"计算三参数"。在弹出的参数对话框中,查看"椭球转换"中的三参数是否应用(一般的,三参数的每一项都要求小于 120),确认无误后,单击图 4-15(b)右上角"√"。

(5)单击"数据链",选择数据链类型,输入相关参数。

例如:用中海达服务器传输数据作业时,需设置的参数见图 4-16(a),选择内置网络时,其中分组号和小组号可变动,分组号为七位数,小组号为小于 255 的三位数,用电台作业时则数据链选择内置电台,选择电台频道。

(6)单击"其他"(见图 4-16(b)),选择差分模式、电文格式(默认为 RTK、RTCA 不需要改动),单击"天线高",选择天线类型,输入天线高,应用、确定后回到图 4-16(b)界面,单击右下角"确定",软件提示设置成功。

(7)查看主机差分灯是否每秒闪一次黄灯,如果用电台,电台收发灯每秒闪一次,如果正常,则基准站设置成功。

3.2.6 移动站作业

GPS 和移动站主机连接、碎部测量、放样与四参数类似,请参照四参数的使用方法。

3.3 七参数转换

七参数使用要求:

(1)至少三个已知坐标点(已知点可以是国家坐标系下的坐标,或和 WGS-84 坐标系之间存在很小旋转坐标系下的坐标,最好有三个以上已知点,可以检验已知点的正确性)。

(2)此方法解算模型严谨,因此要求已知点的坐标精度高,一般在大范围作业时使用,当已知点精度不高时,不推荐使用七参数。

3.4 一步法转换

使用要求:至少三个已知坐标点(已知点可以是国家坐标系下的坐标或自定义坐标系下的坐标,最好有三个以上已知点,可以检验已知点的正确性)。

用一步法转换、七参数转换、四参数转换、三参数转换(基准站架设在未知点)时,仪器和手簿软件操作步骤类似,只是要求的已知点数据和使用范围不一致。

一般的,各方法不同点如下:

三参数转换:要求已知一个国家坐标点,精度随作用距离增加而减少。

四参数转换:要求两个任意坐标点,精度在小范围内可靠。

七参数转换:三个国家坐标点,精度高,对已知点要求严格。

一步法转换:三个任意坐标点,在残差不大的情况下,精度可靠。

各种转换方法在求解参数时稍有不同,具体可在“参数计算”中选择,如图 4-22 所示。

除上述不同外,手簿软件的详细使用方法可参照“四参数 + 高程拟合”。

4 虚拟参考站、网络 RTK 技术 VRS

当前 GPS 最前沿技术——虚拟参考站、网络 RTK 技术 VRS(Virtual Reference Station)的意思是虚拟参考站,它所代表的是 GPS 的网络 RTK 技术。它的出现将使一个地区的所有测绘工作成为一个有机的整体,结束以前 GPS 作业单打独斗的局面。同时,它将大大扩展 RTK 的作业范围,使 GPS 的应用更广泛,精度和可靠性将进一步提高,使从前许多 GPS 无法完成的任务得以完成。最重要的是,在具备了上述优点的同时,建立 GPS 网络成本反而会极大的降低。

4.1 RTK 技术及其局限性

RTK(Real Time Kinematic)技术是 GPS 实时动态定位的简称。这是一种将 GPS 与数传技术相结合,实时解算进行数据处理,在 1 ~2 s 的时间里得到高精度位置信息的技术。20 世纪 90 年代初,这项技术一经问世,就极大地拓展了 GPS 的使用空间,使 GPS 从只能做控制测量的局面中摆脱出来,而开始广泛运用于工程测量。直到今天,如果没有 VRS 的出现,RTK 技术仍代表着高精度 GPS 的最高水平。

RTK 技术有着一定局限性,使得其在应用中受到限制,主要表现为:

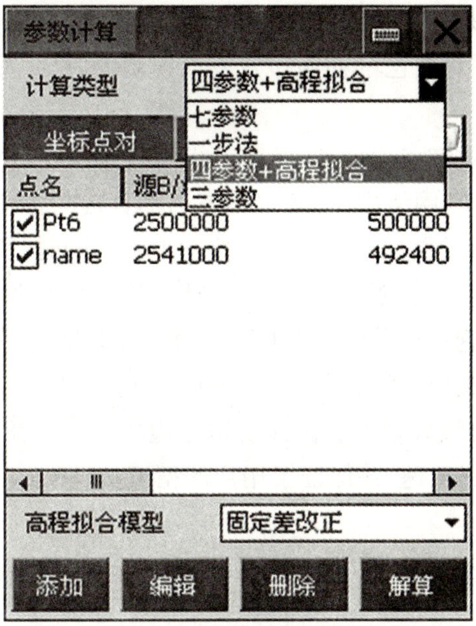

图4-22 参数计算类型

(1)用户需要架设本地的参考站。

(2)误差随距离增长。

(3)误差增长使流动站和参考站距离受到限制(<15 km)。

(4)可靠性和可行性随距离降低。

VRS技术最大的意义在于,它将克服以上的局限性,扩展RTK的作业距离。

4.2 VRS系统组成及工作原理

VRS的出现,得益于现代高科技的发展。实际上,VRS系统已不仅仅是GPS的产品,而是集Internet技术、无线通信技术、计算机网络管理和GPS定位技术于一身的系统。

4.2.1 VRS系统组成

VRS系统包括3个部分:控制中心、固定站和用户部分。

4.2.1.1 控制中心

控制中心是整个系统的核心,既是通信控制中心,也是数据处理中心。它通过通信线(光缆,ISDN,电话线)与所有的固定参考站通信;通过无线网络(GSM,CDMA,GPRS)与移动用户通信。由计算机实时系统控制整个系统的运行,所以控制中心的软件GPS-NET既是数据处理软件,也是系统管理软件。

4.2.1.2 固定站

固定站是固定的GPS接收系统,分布在整个网络中,一个VRS网络可包括无数个站,但最少要3个站,站与站之间的距离可达70 km(传统高精度GPS网络,站间距离不过10~20 km)。固定站与控制中心之间用通信线相连,数据可实时地传送到控制中心。

4.2.1.3 用户部分

用户部分就是用户的接收机,加上无线通信的调制解调器,根据自己的不同需求,放置在不同的载体上，如汽车、飞机、农业机器、挖掘机等。当然测量用户也可以把它背在肩上。接收机通过无线网络将自己的初始位置发给控制中心，并接收中心的差分信号，生成厘米级的位置信息。

4.2.2 VRS 工作原理及流程

与常规 RTK 不同，VRS 网络中，各固定参考站不直接向移动用户发送任何改正信息，而是将所有的原始数据通过数据通信线发给控制中心。同时，移动用户在工作前，先通过 GSM 的短信息功能向控制中心发送一个概略坐标，控制中心收到这个位置信息后，根据用户位置，由计算机自动选择最佳的一组固定基准站，根据这些站发来的信息，整体改正 GPS 的轨道误差，以及电离层、对流层和大气折射引起的误差，将高精度的差分信号发给移动站。这个差分信号的效果相当于在移动站旁边生成一个虚拟的参考基站，从而解决了 RTK 作业距离上的限制问题，并保证了用户的精度。

4.3 VRS 的优势

下面，我们来探讨一下 VRS 技术在降低成本和提高效率上的成就。

4.3.1 VRS 覆盖范围

VRS 网络可以有多个站，但最少需要 3 个。简单计算一下：按边长 70 km 计算，一个三角形可覆盖面积为 2 100 多 km^2。再举个简单的例子，北京市区面积 900 多 km^2，那么一个三角形（3 个站）就可以控制整个北京市区。北京全市面积 1.68 万 km^2，10 个站就可以完全控制北京全市。很简单的数学问题，但我们得出的结论是惊人的，与传统的 GPS 网络相比，VRS 节约成本近 70%。实际上，VRS 系统可提供 2 种不同精度的差分信号，分别为厘米级和亚米级。以上所论述的是 1 ~ 2 cm 的高精度，而若是用低精度，这个距离（70 km）可以拓展到几百千米。

4.3.2 VRS 的主要优势

（1）费用将大幅度降低。70 km 的边长使建 GPS 网络费用大大降低，用户不再架设自己的基准站。

（2）相对于传统 RTK，VRS 提高了精度。1 ppm（1×10^{-6}）的概念没有了，在 VRS 网络控制范围内，精度始终在 ±（1 ~2） cm。

（3）可靠性也随之提高。采用了多个参考站的联合数据，大大提高可靠性。

（4）更广的应用范围，包括城市规划、市政建设、交通管理、机械控制、气象、环保、农业，以及所有在室外进行的勘测工作。

4.4 应用领域

由 GPS 网络实现的虚拟参考站概念，使得许多应用得以更有效的实现，同时，在距参考站相当远的情况下，无需设立自己的基准站。其应用领域可以涵盖陆地测量、地籍测量、航空摄影测量、GLS、设备控制、电子和煤气管道、变形监测、精准农业、水上测量、环境应用等领域。

学习单元4.5 RTK 测量技术规范

【学习目标】

通过本单元知识的学习，使学生了解 RTK 测量规范中的技术要求。

【学习任务】

了解 RTK 测量规范中的相关规定。

1 范围

本标准规定利用全球定位系统实时动态测量(RTK)技术，实施平面一级、二级、三级控制测量和五等高程控制测量、地形测量的技术要求及方法。

其他相应精度的定位测量可参照本标准执行。

2 引用标准

下列文件中的条款通过本标准的引用而成为本标准的条款。凡是注日期的引用文件，其随后所有的修改单(不包括勘误的内容)或修订版均不适用于本标准，然而，鼓励根据本标准达成协议的各方研究是否可使用这些文件的最新版本。凡是不注日期的引用文件，其最新版本适用于本标准。

《全球定位系统(GPS)测量规范》(GB/T 18314)。

《全球定位系统城市测量技术规程》(CJJ 73)。

《全球导航卫星系统连续运行参考站网建设规范》(CH/T 2008—2005)。

《全球定位系统(GPS)测量型接收机检定规程》(CH 8016)。

《工程测量规范》(GB 50026)。

《外业数字测图技术规程》(GB/T 149121:5001:10001:2000)。

3 术语

3.1 实时动态测量(RTK) Real Time Kinematic

RTK 测量技术是全球卫星导航定位技术与数据通信技术相结合的载波相位实时动态差分定位技术，它能够实时地提供测站点在指定坐标系中的三维定位结果。在 RTK 测量模式下，参考站通过数据链将其观测值和测站坐标信息一起传送给流动站，流动站不仅采集卫星观测数据，还通过数据链接收来自参考站的数据，并在系统内组成差分观测值进行实时处理。

3.2 天线高 Antenna Height

观测时接收机天线相位中心至测站中心标志面的高度。

3.3 参考站 Reference Station

在一定的观测时间内，一台或几台接收机分别在一个或几个固定测站上，一直保持跟踪观测卫星，其余接收机在这些测站的一定范围内流动作业，这些固定测站就称为参考站。

3.4 流动站 Roving Station

在参考站的一定范围内流动作业的接收机所设立的测站称为流动站。

3.5 2000 国家大地坐标系(CGCS2000) China Geodetic Coordinate System 2000

2000 国家大地坐标系的定义包括原点、三个坐标轴的指向、尺度,以及地球椭球的 4 个基本参数。其原点为包括海洋和大气的整个地球的质量中心;*Z* 轴由原点指向历元 2000.0 的地球参考极的方向,该历元的指向由国际时间局给定的历元为 1984.0 的初始指向推算,定向的时间演化保证相对于地壳不产生残余的全球旋转,*X* 轴由原点指向格林尼治参考子午线与地球赤道面(历元 2000.0)的交点,*Y* 轴与 *Z* 轴、*X* 轴构成右手正交坐标系;尺度采用广义相对论意义下的尺度;地球椭球 4 个基本参数为长半轴、扁率、地心引力常数和自转角速度。

3.6 连续运行参考站系统(CORS 系统) Continuously Operating Reference Station

连续运行参考站系统由多个 GNSS 基准站组成,通过互联网或无线通信网络向系统覆盖的服务区内用户提供参考站坐标和参考站卫星观测数据,用户根据参考站数据进行事后精密定位,也可接收数据播发站发播的载波相位观测数据进行实时精密定位。

3.7 单参考站 RTK 测量 Single Reference Station for RTK Surveying

只设置一个参考站,并通过数据通信技术接收广播星历改正数的 RTK 测量技术。

3.8 网络 RTK Network RTK

网络 RTK 指在一定区域内建立多个参考站,对该地区构成网状覆盖,并进行连续跟踪观测,通过这些站点组成卫星定位观测值的网络解算,获取覆盖该地区和该时间段的 RTK 改正参数,用于该区域内 RTK 测量用户进行实时 RTK 改正的定位方式。

3.9 截止高度角 Elevation Mask Angle

截止高度角指为了削弱多路径效应、对流层延迟和电离层延迟等卫星定位测量误差影响所设定的角度值,低于此角度视野域内的卫星不予跟踪。

3.10 空间位置精度因子(PDOP) Position Dilution of Precision

反映定位精度衰减的因子,与所测卫星的空间几何分布有关,空间分布范围越大,*PDOP* 值越小,定位精度越高;反之,*PDOP* 值越大,定位精度越低。

3.11 固定解 Fixed Solution

卫星载波相位观测量的整周未知数的整数解叫固定解。

3.12 初始化 On the Fly

接收机在定位前确定整周未知数的过程叫初始化。

3.13 观测次数 Observation times

同一流动站初始化观测的次数叫观测次数。

3.14 历元 Epoch

地球坐标或轨道参数所对应的某一时刻叫历元。

3.15 似大地水准面精化 Quasi – GeoidRefinement

似大地水准面精化指利用卫星定位观测数据、重力数据、水准数据等观测数据获得精度较高的似大地水准面成果的一项技术。

4　坐标系统、高程系统和时间系统

4.1　坐标系统

4.1.1　全球定位系统实时动态(RTK)测量采用地心坐标系,即2000国家大地坐标系,当RTK测量成果要求提供其他参心坐标系(如1954年北京坐标系、1980西安坐标系或地方独立坐标系)时,应进行坐标转换。

4.2　高程系统

4.2.1　高程系统采用正常高系统,按照1985国家高程基准起算。

4.3　时间系统

4.3.1　RTK测量宜采用协调世界时 *UTC*。当采用北京标准时间 *BST* 时,应考虑时区差与 *UTC* 进行换算。

5　RTK控制测量技术要求

5.1　一般规定

5.1.1　RTK控制测量前,应根据任务需要,收集测区高等级控制点的地心坐标、参心坐标、坐标系统转换参数和高程成果等,进行技术设计。

5.1.2　RTK平面控制点按精度划分等级为:一级控制点、二级控制点、三级控制点。RTK高程控制点按精度划分等级为五等高程点。

5.1.3　平面控制点可以逐级布设、越级布设或一次性全面布设,每个控制点宜保证有一个以上的等级点与之通视。

5.1.4　RTK测量可采用单参考站RTK测量和网络RTK测量两种方法进行。在通信条件困难时,也可以采用后处理动态测量模式进行测量。

5.1.5　已建立CORS网的地区,宜优先采用网络RTK技术测量。

5.1.6　RTK测量卫星的状态应符合表4-7的规定。

表4-7　RTK测量卫星状态的基本要求

观测窗口状态	截止高度角15°以上的卫星个数	*PDOP* 值
良好	≥6	<4
可用	5	≤6
不可用	<5	>6

5.1.7　经、纬度记录精确至0.000 01″,平面坐标和高程记录精确至0.001 m。天线高量取精确至0.001 m。

5.2　RTK平面控制点测量

5.2.1　RTK平面控制点的点位选择要求参照CJJ 73执行。

5.2.2　RTK平面控制点的埋石按要求埋设。

5.2.3　RTK平面控制点测量主要技术要求应符合表4-8的规定。

表 4-8 RTK 平面控制点测量主要技术要求

等级	相邻点间距离(m)	点位中误差(cm)	边长相对中误差	与参考站的距离(km)	观测次数	起算点等级
一级	≥500	≤ ±5	≤1/20 000	≤5	≥4	四等及以上
二级	≥300	≤ ±5	≤1/10 000	≤5	≥3	一级及以上
三级	≥200	≤ ±5	≤1/6 000	≤5	≥2	二级及以上

注:1. 点位中误差指控制点相对于起算点的误差。

2. 采用单参考站 RTK 测量一级控制点需更换参考站进行观测,每站观测次数不少于 2 次。

3. 采用网络 RTK 测量各级平面控制点可不受流动站到参考站距离的限制,但应在网络有效服务范围内。

5.3 RTK 平面控制点坐标的测定

5.3.1 RTK 控制点平面坐标测量时,流动站采集卫星观测数据,并通过数据链接收来自参考站的数据,在系统内组成差分观测值进行实时处理,通过坐标转换方法将观测得到的地心坐标转换为指定坐标系中的平面坐标。

5.3.2 在获取测区坐标系统转换参数时,可以直接利用已知的参数。

在没有已知转换参数时,可以自己求解。地心坐标系(2000 国家大地坐标系)与参心坐标系(如 1954 年北京坐标系、1980 西安坐标系或地方独立坐标系)转换参数的求解,应采用不少于 3 点的高等级起算点两套坐标系成果,所选起算点应分布均匀,且能控制整个测区。转换时应根据测区范围及具体情况,对起算点进行可靠性检验,采用合理的数学模型,进行多种点组合方式分别计算和优选。

5.3.3 RTK 平面控制点测量参考站的技术要求:

(1)采用网络 RTK 测量时,CORS 网点的设立要求按 CH/T 2008—2005 执行。

(2)自设参考站如需长期和经常使用,宜埋设有强制对中的观测墩。

(3)自设参考站应选择在高一级控制点上。

(4)用电台进行数据传输时,参考站宜选择在测区相对较高的位置。用移动通信进行数据传输时,参考站必须选择在测区有移动通信接收信号的位置。

(5)选择无线电台通信方法时,应按约定的工作频率进行数据链设置,以避免串频。

(6)应正确设置随机软件中对应的仪器类型、电台类型、电台频率、天线类型、数据端口、蓝牙端口等。

(7)应正确设置参考站坐标、数据单位、尺度因子、投影参数和接收机天线高等参数。

5.3.4 RTK 平面控制点测量流动站的技术要求:

(1)网络 RTK 测量的流动站获得系统服务的授权。

(2)网络 RTK 测量流动站应在 CORS 网的有效服务区域内进行,并实现数据与服务控制中心的通信。

(3)用测量手簿设置流动站与当地坐标的转换参数、平面和高程的收敛精度,设置与参考站的通信。

(4)RTK 测量流动站不宜在隐蔽地带、成片水域和强电磁波干扰源附近观测。

(5)观测开始前应对仪器进行初始化,并得到固定解,当长时间不能获得固定解时,宜断开通信链路，再次进行初始化操作。

(6)每次观测之间流动站应重新初始化。作业过程中，如出现卫星信号失锁，应重新初始化，并经重合点测量检测合格后，方能继续作业。

(7)每次作业开始与结束前，均应进行一个以上已知点的检核。

(8)RTK 平面控制点测量平面坐标转换残差应不超过 ±2 cm。

(9)测量手簿设置控制点的单次观测的平面收敛精度应不超过 ±2 cm。

(10)RTK 平面控制点测量流动站观测时应采用三角架对中、整平，每次观测历元数应大于 20 个，各次测量的平面坐标较差应满足不超过 ±4 cm 要求后取中数作为最终结果。

(11)进行后处理动态测量时，流动站应先在静止状态下观测 10 ~ 15 min，然后在不丢失初始化状态的前提下进行动态测量。

5.4 RTK 高程控制点测量

5.4.1 RTK 高程控制点的埋设一般与 RTK 平面控制点同步进行，标石可以重合。

5.4.2 RTK 高程点控制测量主要技术要求应符合表 4-9 的规定。

表 4-9 RTK 高程控制点测量主要技术要求

等级	高程中误差(cm)	与基准站的距离(km)	观测次数	起算点等级
五等	≤ ±3	≤5	≥3	四等水准及以上

注：1. 高程中误差指控制点高程相对于起算点的误差。

2. 网络 RTK 高程控制测量可不受流动站到参考站距离的限制，但应在网络有效服务范围内。

5.5 RTK 高程控制点高程的测定

5.5.1 RTK 控制点高程的测定，是将流动站测得的大地高减去流动站的高程异常获得。

5.5.2 流动站的高程异常可以采用数学拟合方法、似大地水准面精化模型内插等获取。当采用数学拟合方法时，拟合的起算点平原地区一般不少于 6 点，拟合的起算点点位应均匀分布于测区四周及中间，间距一般不宜超过 5 km。地形起伏较大时，应按测区地形特征适当增加拟合的起算点数。当测区面积较大时，宜采用分区拟合的方法。

5.5.3 RTK 高程控制点测量参考站的技术要求，参照 5.3.3 条执行。

5.5.4 RTK 高程控制点测量流动站的技术要求，参照 5.3.4 条中(1) ~ (7)款执行。

5.5.5 RTK 高程控制点测量高程异常拟合残差应不超过 ±3 cm。

5.5.6 RTK 高程控制点测量设置高程收敛精度应不超过 ±3 cm。

5.5.7 RTK 高程控制点测量流动站观测时应采用三角架对中、整平，每次观测历元数应大于 20 个，各次测量的高程较差应满足不超过 ±4 cm 要求后取中数作为最终结果。

5.5.8 当采用似大地水准面精化模型内插测定高程时，似大地水准面模型内符合精度应不超过 ±2 cm。如果当地某些区域高程异常变化不均匀，拟合精度和似大地水准面模型精度无法满足高程精度要求时，可对 RTK 测量大地高数据进行后处理或用几何水准测量方法进行补充。

5.6 成果数据处理与检查

5.6.1 RTK 控制测量外业采集的数据应及时进行备份和内外业检查。

5.6.2 RTK 控制测量外业观测记录采用仪器自带内存卡或测量手簿，记录项目及成果输出包括下列内容：

(1)参考点的点名(号)、残差、转换参数。

(2)参考站点名(号)、流动站点名(号)。

(3)参考站、流动站的天线高、观测时间。

(4)参考站发送给流动站的参考站地心坐标、地心坐标的增量。

(5)流动站的平面、高程收敛精度。

(6)流动站的地心坐标、平面和高程成果。

(7)测区转换参考点、观测点网图。

5.6.3 用 RTK 技术施测的平面控制点成果应进行 100% 的内业检查和不少于总点数 10% 的外业检测，外业检测可采用相应等级的卫星定位静态(快速静态)技术测定坐标，全站仪测量边长和角度等方法，检测点应均匀分布测区。

检测结果应满足表 4-10 的要求。

表 4-10 RTK 平面控制点检测精度要求

等级	边长校核		角度校核		坐标校核
	测距中误差(mm)	边长较差的相对误差	测角中误差(″)	角度较差限差(″)	坐标较差中误差(cm)
一级	≤ ±15	≤1/14 000	≤ ±5	14	≤ ±5
二级	≤ ±15	≤1/7 000	≤ ±8	22	≤ ±5
三级	≤ ±15	≤1/4 500	≤ ±12	34	≤ ±5

5.6.4 用 RTK 技术施测的高程控制点成果应进行 100% 的内业检查和不少于总点数 10% 的外业检测。外业检测可采用相应等级的三角高程、几何水准测量等方法，检测点应均匀分布测区。检测结果应满足高程较差 $\leqslant 40\sqrt{L}$ mm(L 为检测线路长度，以 km 为单位，不足 1 km 按 1 km 计)的要求。

6 RTK 地形测量技术要求

6.1 一般规定

6.1.1 RTK 地形测量内容分为图根点测量和碎部点测量。

6.1.2 RTK 地形测量其他一般规定参见 5.1.1 条、5.1.4 条、5.1.5 条、5.1.6 条、5.1.7 条。

6.2 RTK 地形测量主要技术要求

RTK 地形测量主要技术要求应符合表 4-11 的规定。

表 4-11　RTK 地形测量主要技术要求

等级	点位中误差（图上 mm）	高程中误差	与基准站的距离（km）	观测次数	起算点等级
图根点	≤ ±0.1	1/10 等高距	≤7	2	平面三级、高程五等以上
碎部点	≤ ±0.3	相应比例尺成图要求	≤10	1	平面图根、高程五等以上

注：1. 点位中误差指控制点相对于起算点的误差。

2. 采用网络 RTK 测量可不受流动站到参考站间距离的限制，但宜在网络覆盖的有效服务范围内。

6.3　RTK 图根点测量

6.3.1　图根点标志宜采用木桩、铁桩或其他临时标志，必要时可埋设一定数量的标石。

6.3.2　RTK 图根点测量时，地心坐标系与地方坐标系的转换关系的获取方法参照 5.3.2 条，也可以在测区现场通过点校正的方法获取。

6.3.3　RTK 图根点测量方法参照 5.3 条、5.5 条执行。

6.3.4　RTK 平面控制点测量流动站观测时应采用三角架对中、整平，每次观测历元数应大于 10 个。

6.3.5　RTK 图根点测量平面坐标转换残差应不超过图上 ±0.07 mm。RTK 图根点测量高程拟合残差应不大于 1/12 等高距。

6.3.6　RTK 图根点测量平面测量两次测量点位较差应不超过图上 ±0.1 mm，高程测量两次测量高程较差应不超过 1/10 等高距，两次结果取中数作为最后成果。

6.4　RTK 碎部点测量

6.4.1　RTK 碎部点测量时，地心坐标系与地方坐标系的转换关系的获取方法参照 5.3.2 条，也可以在测区现场通过点校正的方法获取。

当测区面积较大，采用分区求解转换参数时，相邻分区应不少于 2 个重合点。

6.4.2　RTK 碎部点测量平面坐标转换残差应不超过图上 ±0.1 mm。RTK 碎部点测量高程拟合残差应≤1/10 等高距。

6.4.3　RTK 碎部点测量流动站观测时可采用固定高度对中杆对中、整平，每次观测历元数应大于 5 个。

6.4.4　连续采集一组地形碎部点数据超过 50 点，应重新进行初始化，并检核一个重合点。当检核点位坐标较差不超过图上 0.30 mm 时，方可继续测量。

6.5　成果数据处理与检查

6.5.1　RTK 地形测量外业采集的数据应及时从数据记录器中导出，并进行数据备份，同时对数据记录器内存进行整理。

6.5.2　RTK 地形测量外业观测记录采用仪器自带内存卡和测量手簿，记录项目及成果输出包括下列内容：

(1)转换参考点的点名(号)、残差、转换参数。

(2)参考站、流动站的天线高、观测时间。

(3)流动站的平面、高程收敛精度,流动站的 2000 国家大地坐标、平面和高程成果数据。

6.5.3　导出的成果数据在计算机中用相应的成图软件编辑成图。

6.5.4　用 RTK 技术施测的图根点平面成果应进行 100% 的内业检查和不少于总点数 10% 的外业检测,外业检测采用相应等级的全站仪测量边长和角度等方法进行,其检测点应均匀分布在测区。

检测结果应满足表 4-12 的要求。

表 4-12　RTK 图根点平面检测精度要求

等级	边长校核		角度校核		坐标校核
	测距中误差(mm)	边长较差的相对误差	测角中误差(″)	角度较差限差(″)	平面坐标较差(mm)
图根	≤±20	≤1/3 000	≤±20	60	≤图上±0.1

6.5.5　用 RTK 技术施测的图根点高程成果应进行 100% 的内业检查和不少于总点数 10% 的外业检测,外业检测采用相应等级的三角高程、几何水准测量等方法进行,其检测点应均匀分布在测区。

7　仪器设备的要求

7.1　RTK 测量接收设备应符合的规定

(1)接收设备应包括双频接收机、天线和天线电缆、数据链套件(调制解调器、电台或移动通信设备)、数据采集器等。

(2)参考站接收设备应具有发送标准差分数据的功能。

(3)流动站接收设备应具有接收并处理标准差分数据功能。

(4)接收设备应操作方便、性能稳定、故障率低、可靠性高。

(5)接收机标称精度公式为:$\delta = a + bd$,其中,a 为固定误差,mm,b 为比例误差系数,mm/km,d 为流动站至基准站的距离,以 km 为单位。

RTK 测量宜选用优于下列测量精度(RMS)指标的双频接收机:

平面:$10 + 2 \times 10^{-6} \times d$

高程:$20 + 2 \times 10^{-6} \times d$

7.2　接收设备的检验

7.2.1　接收机的一般检验应符合的要求

(1)接收机及天线型号应与标称一致,外观应良好。

(2)各种部件及其附件应匹配、齐全和完好,紧固的部件应不得松动和脱落。

(3)设备使用手册和后处理软件操作手册及磁(光)盘应齐全。

(4)接收机的检定按 CH 8016 执行,并应在有效的使用周期内。

7.2.2　RTK 测量前宜对设备进行的检验

(1)基准站与流动站的数据链联通检验。

(2)数据采集器与接收机的通信联通检验。

7.3 接收设备的维护

接收设备的维护应符合下列要求：

(1)接收设备应由专人保管，运输期间应有专人押送，并应采取防震、防潮、防晒、防尘、防蚀和防辐射等防护措施，软盘驱动器在运输中应插入保护片或废磁盘。

(2)接收设备的接头和连接器应保持清洁，电缆线不应扭折，不应在地面拖拉、碾砸。连接电源前，电池正负极连接应正确，观测前电压应正常。

(3)当接收设备置于楼顶、高标或其他设施顶端作业时，应采取加固措施，在大风和雷雨天气作业时，应采取防风和防雷措施。

(4)作业结束后，应及时对接收设备进行擦拭，并放入有软垫的仪器箱内；仪器箱应置放于通风、干燥阴凉处，保持箱内干燥。

(5)接收设备在室内存放时，电池应在充满状态下存放，应每隔 1 ~2 个月存放电一次。

(6)仪器发生故障，应转交专业人员维修。

8 资料提交和成果验收

8.1 应提交的资料

RTK 测量任务完成后，应提交下列资料：

(1)技术设计、技术总结和检查报告。

(2)接收机检定资料。

(3)按要求应提交的控制点点之记。

(4)按本规范 5.6.2 条和 6.5.2 条要求的各类成果资料。

8.2 成果验收工作

RTK 成果验收工作内容包括：

(1)技术设计和技术总结是否符合要求。

(2)转换参考点的分布及残差是否符合要求。

(3)观测的参数设置、观测条件及检测结果和输出的成果是否符合要求。

(4)实地检验控制点的精度及选点、埋石质量。

(5)实地检验地形测量各质量元素的质量。

参 考 文 献

[1] 徐绍铨,等. GPS 测量原理及应用[M]. 武汉:武汉测绘科技大学出版社,1998.

[2] 李德仁. GPS 用于摄影测量与遥感[M]. 北京:测绘出版社,1996.

[3] 陈俊勇. 给定内插高程异常值的精度时对 GPS 水准网格间距的考虑[J]. 测绘学报,2003 (02).

[4] 刘经南. 广域差分 GPS 原理和方法[M]. 北京:测绘出版社,1999.

[5] 周忠谟. GPS 卫星测量原理与应用[M]. 北京:测绘出版社,2002.

[6] 张守信. GPS 卫星测量定位理论与应用[M]. 长沙:国防科技大学出版社,1996.

[7] Li Chungan, Dai Huabing, Li Chonggui, et al. Foundation and application of GPS control network in forest districts[J]. Beijing Linye Daxue Xuebao/Journal of Beijing Forestry University, 2005, 27(S2):52-57.

[8] 中华人民共和国国家质量监督检验检疫总局,中国国家标准化管理委员会. GB/T 18314—2009 全球定位系统(GPS)测量规范[S]. 北京:中国标准出版社,2009.